HYBRIS

狂人时代

人类失败与崛起之旅

DIE REISE
DER MENSCHHEIT
ZWISCHEN AUFBRUCH
UND SCHEITERN

[德]约翰内斯·克劳泽

& [德]托马斯·特拉佩　著

强朝晖　译

JOHANNES KRAUSE
& THOMAS TRAPPE

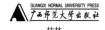

GUANGXI NORMAL UNIVERSITY PRESS
广西师范大学出版社
·桂林·

图书在版编目(CIP)数据

狂人时代：人类失败与崛起之旅 / (德) 约翰内斯·克劳泽, (德) 托马斯·特拉佩著；强朝晖译. -- 桂林：广西师范大学出版社, 2023.10
书名原文：Hybris：Die Reise der Menschheit zwischen Aufbruch und Scheitern
ISBN 978-7-5598-6176-4

Ⅰ.①狂… Ⅱ.①约… ②托… ③强… Ⅲ.①环境保护－普及读物 Ⅳ.①X-49

中国国家版本馆CIP数据核字(2023)第116925号

Hybris: Die Reise der Menschheit: Zwischen Aufbruch und Scheitern
© by Ullstein Buchverlage GmbH, Berlin. Published in 2021 by Propyläen Verlag.

著作权合同登记号桂图登字：20–2023–058号

KUANGREN SHIDAI: RENLEI SHIBAI YU JUEQI ZHI LV
狂人时代：人类失败与崛起之旅

作　　者：［德］约翰内斯·克劳泽　　［德］托马斯·特拉佩
译　　者：强朝晖
责任编辑：谭宇墨凡
封面设计：wscgraphic.com
内文制作：燕　红

广西师范大学出版社出版发行

广西桂林市五里店路 9 号　邮政编码：541004
网址：www.bbtpress.com
出 版 人：黄轩庄
全国新华书店经销
发行热线：010-64284815

北京鑫益晖印刷有限公司

开本：880mm×1230mm　1/32
印张：10.5　　　字数：220千
2023年10月第1版　2023年10月第1次印刷
定价：89.00元

如发现印装质量问题，影响阅读，请与出版社发行部门联系调换。

目 录

前　言

2020 年代就这样开始了。1920 年代留给人类的记忆，今天依然历历在目，而 2020 年代将带给我们什么，我们只能翘首以待。20 世纪头 30 年里，战争、革命、意识形态与经济危机以及瘟疫，给人类造成了接二连三的冲击。一个世纪之后，情况并没有变好：刚刚进入 21 世纪，"9·11"事件在一夜之间将此前有关国际政治冲突行将终结的梦想击得粉碎。之后，新的危机层出不穷，而且似乎一次比一次更严重：金融危机，世界经济危机，持续数年的恐怖活动，全球范围的难民潮以及民主社会的自我怀疑与割裂，不一而足。当第一个十年临近结束时，整整一代人陷入了对气候崩溃的担忧乃至恐慌。可是没过多久，这种对自身生存基础即将消失的恐惧，也退居到了次要位置。一个既无意志、亦无目标的小小病毒，让整个地球陷入瘫痪。除最基本的需求，社会生活几乎全部陷入停顿。一切的意义只剩下活着本身，每个人都在为生存基础的崩塌而忧心忡忡。整个人类仿佛处于宿醉后的眩晕状态，而这种眩晕可不是吃几片阿司匹林就可以消解的。

气候变化，瘟疫时代的开启，人口过剩，濒临崩溃的生态体系，随时有可能爆发的全球性冲突，在这个新的十年开始之际，摆在人类面前的一连串难题几乎个个无解。但是，如果不是我们，谁又能来解决这些问题？人类这个不可思议的物种，可以让直升机在火星上升空，甚至可以在火星上制造氧气。人类成功做到了给越来越多的人口提供食物，还会提供受教育的机会，以及清洁的饮用水和医疗服务。

毫无疑问，我们是这个星球上自古以来出现过的最聪明的生物。我们已经知道，是什么把世界聚合在一起，也知道世界是如何形成的；我们也已经知道，或许再过几十亿年，地球将和太阳一起消失在一个巨大的火球中。我们自视无所不知、无所不能，可是面对眼前的另一项任务，我们却表现得束手无策。这项任务是：想办法摆脱仿佛被写入人类基因中的自我毁灭本性。正是这种本性驱使我们不断地扩张和消耗，直至将周围所有资源悉数耗尽。

这种基因上的构造是人之所以成为人的重要前提，只是有一个问题，这种奇妙的构造存在一个很小的缺陷：它没有针对地球限度而做出相应的配套设计。如今，人类经过数百万年的进化后，第一次明确触碰到了这道界线。一个亟待找到答案的问题因此摆在了我们面前：当扩张无法继续时，依照人类的基因结构，我们是否可以做到利用既有资源来维系生存？抑或是基因结构注定了人类必须不停地向前奔跑，直至作为一个物种从地球上灭绝？

　　本书所讲述的内容并不是人类无休止的崛起，也不是其不可避免的灭亡。它只是记录了一个极其特殊的动物物种如何通过无数个偶然的交互作用，以魔幻般的速度抵达进化的巅峰，最终主宰地球的每一个角落，并穷尽一切以满足自身的欲望所需。这部不可复制的成功史，其起点距离今天其实并不久远。在此之前，是一轮接一轮的尝试和失败。人类世系从与黑猩猩和倭黑猩猩的共同祖先中分离出来后，无数条演化路径都走入了死胡同，最后只有一条成就了今天的人类。

　　我们将在书中讲述，早期人类如何不断做出尝试，从非洲走向整个世界。他们经历了一次次挫败，无论是因为气候和毁灭性自然灾害，还是当时牢牢占据欧亚大陆的其他史前人类。我们将在这里讲述，现代人——即智人——如何完成向美洲和澳大利亚的迅速扩张。在此期间走向灭绝的不只是其他古人类物种，而且还包括当时几乎所有巨型动物。我们将在书中看到，人如何驯服狼，以及人何以演化为自身的最大敌人。我们将跟随那些生命力旺盛的祖先，踏上远在天际的复活节岛。在那里，他们为今天人类的危机提前做出了示范：破坏自身赖以生存的基础。最后，我们将把目光重新转向欧亚大陆。正是在这片土地之上，经过漫长的厮杀，最终诞生了未来世界的主宰者。我们还将看到，人类最可怕的对手、曾无数次影响了历史进程的致命病原体，后来却成为人类最危险的同伴和最有威力的武器。人类在自认为已经战胜了这一祸患时，却在 21 世纪再次深深领教了它的厉害。

　　人类无所不能，但此事绝非理所当然。这是本书所要传递的信息之一。两位作者当中，一位是莱比锡马克斯-普朗克进化人类学研究所所长、考古遗传学家约翰内斯·克劳泽，另一位是记者托马斯·特拉佩。2010 年，克劳泽在解码尼安德特人基因组方面发挥了关键作用。稍后不久，他从西伯利亚出土的一块 7 万年前的指骨中发现了此前未知的古人类基因，即丹尼索瓦人，尼安德特人的亚洲近亲。克劳泽成为考古遗传学这一分支学科的创始人之一。如今，考古遗传学不仅揭示出越来越多有关人类历史的细节，也提出了许多具有颠覆性的新认知。[1] 随着拼凑在一起的碎片逐渐增多，人类进化的图景也日渐完整：人类的进化虽然看似一个势不可挡的上升过程，但是也伴随着无数的挫折。

两位作者的一个明确用意，是给不少人对自身所属物种所抱有的美好印象添上几道重重的划痕，并借此提出一个问题：我们该怎样做，才能让 21 世纪成为人类进化史上一个成功而非失败的篇章。我们也不知道答案如何，我们所能做的事，只是指出问题并对此展开思考。问题的根源在于我们的 DNA，甚至可以说，人类本身便是问题的一部分。但是，与其他所有物种不同的是，我们并非完全受制于 DNA，或者说，至少不是非如此不可。

本书旨在为人类发展史的叙述和解读提供一个新的视角，而绝不敢奢望成为该领域的唯一权威。我们呈现给读者的这部历史，大部分都是基于全球范围内无数科学家的研究成果。我们将相关论文列在书后的参考文献中，而未在正文中一一提及。这样做只是为了阅读的顺畅，并非贬低这些人为获得新知识所做出的贡献。毋庸赘言，在约翰内斯·克劳泽参与领导的研究机构——2020 年之前是耶拿马普人类历史研究所，之后是莱比锡马普进化人类学研究所——也有许多同事为研究工作做出了重要贡献，如果没有他们，本书的创作是无法想象的。这同样适用于在过去几十年里为人类进化史研究奠定基础的所有学者，他们的许多研究成果直到今天仍然经得起推敲，并通过新的遗传数据得到了进一步确认。我们今天所做的一切，都是站在他们的肩膀之上。

　　我们将从已被解码的最古老的现代人基因组入手，开启穿越人类历史的旅程，这项 DNA 测序研究是由莱比锡马普进化人类学研究所的团队于 2021 年春季公布的。在我们与人类祖先一道踏上这段从非洲起步并疾速走到今天的不可思议的旅程之前，让我们先来简单地了解一下考古遗传学这一学科，我们所掌握的新知识首先要归功于它。究竟是什么将我们带到了这样的高峰，让我们得以俯瞰世界，而对最终是否会跌落深渊却茫然不知？为什么是我们而非其他猿类创造了今日的文明？这些都是考古遗传学的研究者抱着极大热忱试图解答的问题。他们采取的方法并不是观察人类大脑，而是重建体积略小的大脑。这个大脑的主人是我们早已熟悉、在几千年前争夺创造物桂冠的竞赛中屈居亚军的古人类：尼安德特人。

第一章 实验室人

考古遗传学世界的奇幻之旅:

为了更好地了解我们的大脑,我们重建了尼安德特人的大脑。

那么,我们为何不干脆重造一个完整的尼安德特人,抑或直立人?

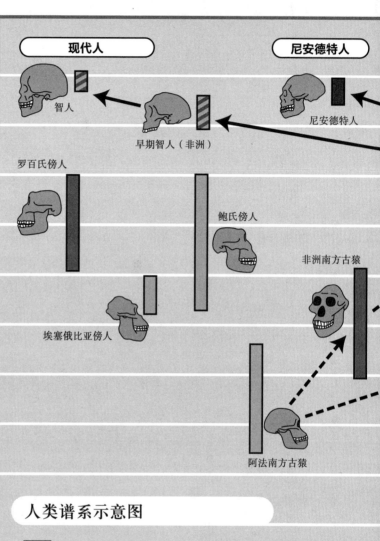

现代人　　　　尼安德特人

智人

早期智人（非洲）

罗百氏傍人

尼安德特人

鲍氏傍人

非洲南方古猿

埃塞俄比亚傍人

阿法南方古猿

人类谱系示意图

 东南亚　　　　　 已确定的后裔

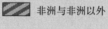 非洲与非洲以外　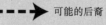 可能的后裔

 欧洲/亚洲

 南非

 东非

 热带非洲

乍得沙赫人

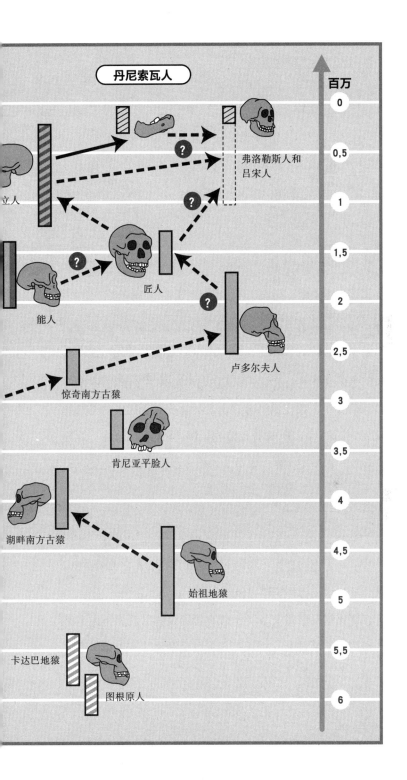

丹尼索瓦人

百万

0

0,5

1

1,5

2

2,5

3

3,5

4

4,5

5

5,5

6

弗洛勒斯人和
吕宋人

立人

能人

匠人

卢多尔夫人

惊奇南方古猿

肯尼亚平脸人

湖畔南方古猿

始祖地猿

卡达巴地猿

图根原人

找出尼安德特人

　　在莱比锡马普进化人类学研究所（Leipzig MPI），科学家们正在一步步走近尼安德特人——与人类关系最近的近亲。他们所做的工作，是让这个已经灭绝的古人类物种部分"复活"。在尼安德特人基因研究中，莱比锡马普进化人类学研究所是当之无愧的全球领航者。2010 年，所长斯万特·帕博（Svante Pääbo）领导的团队经过多年的测序研究，公布了大约 4 万年前灭绝的（女性）尼安德特人的全基因组序列。截至目前，几乎所有被测序的古人类基因，都是提取自女性标本。这项研究成果带来的最重要发现是，尼安德特人并没有完全灭绝，今天撒哈拉以北的所有人群，体内都带有这个史前人类的基因。换言之，早期现代人在从非洲出发、征服世界的过程中，曾经与尼安德特人发生过杂交。

　　此后，莱比锡马普进化人类学研究所通过对尼安德特人全基因组测序研究的不断深化，继续扩大着自身在全球古人类研究中的领先地位。而且，除了尼安德特人全基因组测序之外，他们还有另一项无可比肩的成果，这便是对丹尼索瓦人的 DNA 分析。

丹尼索瓦人是很早就从尼安德特人脉系中分离出来的古人类亚种，在大约 5 万年前一直生活在亚洲，其中一部分与尼安德特人和现代人混居。丹尼索瓦人也在当今人类，准确地讲，是在菲律宾、巴布亚新几内亚和澳大利亚原住民身上留下了基因痕迹。这些人群的基因组中平均携带有约 5% 的丹尼索瓦人 DNA。发现这此前未知的史前人类的关键线索，是来自俄罗斯境内阿尔泰山脉的一块距今约 7 万年的指骨，其基因组于 2010 年由莱比锡研究所完成测序。时至今日，我们还没有见过一块丹尼索瓦人的头骨，更不用说完整的骨骸。我们目前提取到的 DNA 样本，都是来自一块块体积微小的碎骨。从 2010 年起，不断有新的丹尼索瓦人残骨在阿尔泰山区丹尼索瓦高地被发现。

相比之下，考古发掘出土的尼安德特人遗骨要多得多，其中有很多保存完好的头骨，甚至是大块的骨骼。除了现代人基因之外，尼安德特人的基因是目前研究最多、成果最丰硕的古人类基因。在莱比锡，研究人员甚至有可能培育出这一史前人类的脑细胞，乃至小的器官。这一方面是基于研究所在基因测序工作上的长期积累，但更多是在于尼安德特人与现代人高度接近的基因结构：两者之间的差异甚至不到 1‰。我们同最近的非人类近亲黑猩猩和倭黑猩猩相比，基因组差异也仅略大于 1%。这三种类人猿最后的共同祖先，大约生活在 700 万年前。

尼安德特人和丹尼索瓦人的脉系大约在 60 万年前才与现代人分离。虽然基因上的差异微乎其微，却足以让尼安德特人在相貌和体格上明显区别于现代人。现代人的 DNA 与尼安德特人在 3

万个位点上存在差异，在这些位点上，尼安德特人与黑猩猩更加接近。然而，这些差异大多并不在基因当中，因为负责编码蛋白的基因数目只占人类 DNA 的 2% 左右。实际上，在尼安德特人和现代人的基因组中，只有 90 个基因差异真正带有不同的蛋白质编码，正是这些差异造成了潜在的不同身体特征。

近年来，基因工程的进步已经让科学家有能力将人类细胞中的某些基因位点，复原到现代人和尼安德特人分离之前的"原始状态"。说白了，就是把现代人与尼安德特人"分道扬镳"后在进化上所取得的那些进步全部抹除。如果科学家愿意的话，还可以把这些位点"尼安德特化"。这个过程既困难又烦琐：研究者需要一个人类细胞，然后在其遗传信息中植入若干现代人与尼安德特人的基因差异。这项工作完成后，便可以把这个经过编辑的细胞放入培养液，生成一小团组织，比如脑细胞组织。在莱比锡实验室，已经有这样的合成细胞和细胞团块可供参观。人们期待接下来能够完成进化遗传科学的下一步：不再只是从古老的骨头标本上读取原始人和现代人类的 DNA 差异，而是用人工复制的细胞直接观察，例如，可以用这种办法来辨别，是哪些基因变异使我们成为现代人，而那些正是尼安德特人所缺少的。并非所有的人体细胞都适合用作"尼安德特化"的基础，它需要的是干细胞，而这种细胞如今已经可以轻松地在实验室中制造出来。[2] 在莱比锡马普进化人类学研究所，人们目前采用的是人的血细胞，然后用 CRISPR/Cas9 技术对它进行基因编辑。[3]

可为与不可为

当研究者决定对人类 DNA 进行操控，或用人工方式来制造杂交细胞时，他所面对的道德风险是显而易见的。但是对于这方面的问题，人们迄今仍然没有充分的认识，对科学家而言亦是如此。似乎是为了亲身验证基因掌控也有黑暗的一面，如今已从学术圈消失的中国科学家贺建奎于 2018 年宣布，他对人类胚胎进行了基因编辑。他对这种分子生物学干预的解释是，他的目的是通过修改基因，让婴儿出生后免受艾滋病病毒感染。然而，贺建奎从未发表过关于这项实验的研究报告。对为之哗然的学术界来说，人们迄今所看到的只有他在一场国际会议上的高调亮相。一年后，俄罗斯生物学家丹尼斯·列布里科夫（Denis Rebrikov）在专业杂志《自然》上宣布，他计划对人类胚胎进行基因编辑，以防止未来出生的孩子出现先天性耳聋。然而，列布里科夫强调，只有在获得当局批准的情况下，他才会付诸行动。此后，这个计划中的实验便石沉大海，再未传出过任何音信。

这类案例表明，基因研究目前所踏上的这条路，是一个狭窄的独木桥。通过基因编辑完成人类胚胎的"尼安德特化"，是完全可以想象的。最迟在十年内，即使没有设备完善的实验室，研究者也有能力做到同时对多个基因位点做出修改。到那时，那些无所忌惮的研究人员甚至不需要太多的想象力，就能够实现极具争议的科学突破。

在莱比锡马普进化人类学研究所，人们正在利用基因编辑技

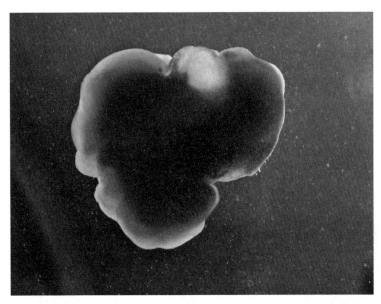

一个从脑细胞"培育"出来的细胞组织。在这个细胞组织中，已经出现了在实验室中可以观察到的生化过程。但是这种细胞组织与真正的器官还有很大的差距

术对细胞进行"尼安德特化"处理——而绝非是胚胎。他们的目标并不是"培育"尼安德特人或其他古人类，甚至也不是完整的器官，而仅仅是细胞群。因为在细胞群的培育过程中，人们同样可以观察到其间的生物学变化，例如心肌的收缩或脑细胞的生长及其相互作用。

　　在过去一段时间里，莱比锡马普进化人类学研究所已将人类和尼安德特人之间的 8 个基因差异植入培育的细胞组织中。然而，要培养出一个具有尼安德特人所有 90 种基因变体的细胞群，仍然需要几年的时间。但是在这里，人类自千禧年以来在基因学和考

古遗传学领域所经历的指数级发展,很可能会再次上演。这样的话,到 2020 年代末,我们不仅可以轻松地把 90 个基因差异植入一个人类细胞,而且可以植入到所有尼安德特人与我们相区别的 3 万个位点。这当中也将包括基因组中那些不编码蛋白质、但有可能具备某种功能的 DNA 序列。[4]

"弗兰肯斯坦"实验

需要指出的是,这 90 处基因差异并不是现代人和尼安德特人之间的全部差异,然而却是人类**全体**和尼安德特人**全体**之间仅有的差异。也就是说,如今已经完成测序的数百万人类基因组,在这 90 个位点上无一与尼安德特人相同。由此可见,它们显然是首先在现代人身上发生进化,后来在我们的祖先与尼安德特人再次相遇并杂交后,这些差异基因也得以延续。或许可以说,我们需要这些基因变体,或者至少是其中部分变体,才能够最终变成人。尽管如此,一直到今天,人类仍然携带着尼安德特人基因组中的某些 DNA 片段。平均而言,非洲以外的每个人身上都有 2% 的尼安德特人基因。[5]尼安德特人基因对某个人来说,可能反映为一种特殊的皮肤结构,在另一人身上可能决定了某些免疫功能,而在第三人身上则没有任何表现,或者至少是我们无法观察到的表现。

回过头来看,当 2010 年莱比锡马普进化人类学研究所宣布完成尼安德特人全基因组测序时,他们所做的这件事几乎可以称作是某种意义上的"弗兰肯斯坦"实验。他们用来测定基因序列的标本，是来自克罗地亚一处洞穴中出土的一堆杂乱无章的女性尼安德特人骨骸。这个当年理所当然被视作重大突破、令整个学术界为之沸腾的盛事，如果换作今天，或许都不足以作为成果在重要期刊上发表。我们不妨看一下其数据产生的基础：研究人员把三名尼安德特人女性的基因放入一个罐子，然后观察它们与现代人类的基因组到底有多大差异，而人类全基因组序列的测定完成，距此也还不过短短十年。[6]

尽管如此，这项实验的成果却足以为人类学研究带来一个引领方向的发现：非洲以外的所有现代人身上，都携带着尼安德特人的基因，我们的祖先与这一原始人种发生过杂交，而且显然不是一时心血来潮的偶然现象。不过对莱比锡的研究者来说，一切才刚刚起步，他们的发现不过是将一束光射向了那个遥远未知的远古时代。而这个时代，或许正是帮助我们更深入认识人类自身的那把钥匙。它会让我们知道，为什么是现代人、而不是尼安德特人或丹尼索瓦人最后成为整个世界的征服者，并将所有其他生命形式变成了奴役的对象，或者干脆一举消灭。

目前已有几十个尼安德特人的基因组被测定，所有这些工作都是在莱比锡马普进化人类学研究所完成的。不断有新的论文和著作发表并做出论证，不仅尼安德特人与现代人有过交配，而且现代人与丹尼索瓦人以及丹尼索瓦人与尼安德特人之间也曾发生过杂交。过去几年里，虽然我们对这两种古人类都有了更多有价值的发现，但这些发现也只能帮助我们对深藏于基因组内部的秘密进一步展开猜想。在我们面前，或许已经摊开了一张关于尼安德特人基本构造的图纸。但它终究只是张图纸，尼安德特人对我们来说仍然摸不着、看不见。因此，要想更好地了解尼安德特人，我们需要一个活的尼安德特人。

■ 一生十 ■

　　就像考古遗传学的初始阶段一样，在 21 世纪第二个十年里，是一些微小的技术革新让我们能够越来越深地进入古人类的 DNA 世界，并由此回到远古。考古遗传学的进步，往往都是依靠一些看似简单的技巧取得的。比如说在莱比锡马普进化人类学研究所，研究人员摸索出一种方法，不仅可以从 DNA 双链结构中读取信息，而且还可以从几千年保持不变的单链 DNA 分子中读取信息。有时候用这种方法获得的 DNA 数量甚至可以增加 10 倍。这项技术为研究者创造了条件，使得他们可以对那些年代十分久远、大部分遗传信息已经消失的骨头标本进行基因测序。例如，研究人员正是通过这种方式，顺利完成了对大约 42 万年前生活在西班牙胡瑟裂谷（Sima de los Huesos）、迄今发现的最古老尼安德特人标本的基因测序。对丹尼索瓦人遗骨的基因研究，也使用了同样的方法。正是因为这项技术，科学家才能够用一块 7 万年前的细小指骨，重建一个年约 12 岁丹尼索瓦女性的高质量基因组。

　　考古遗传学近年来的另一项成就是对世系的计算。通过比较古人类 DNA 和当今人类的遗传物质，人们越来越多地了解到，哪些人类支系是在何时完成分裂或分离的。要做到这一点，人们只需借助"遗传时钟"或"分子时钟"，来观察已测序基因组中的基因突变数量。基因差异越多，分离发生的时间就越早。[7]例如，黑猩猩与所有人类物种之间的遗传差异表明，两者最后有共同祖先是在大约 700 万年前；现代人与尼安德特人和丹尼索瓦人的共同祖先生活在大约 60 万年前，而尼安德特人和丹尼索瓦人的分离则发生在约 50 万年之前。不同古人类之间的混居杂交，可能永远无法单纯凭借传统古人类学的手段来确定。但是现如今，有了考古遗传学的帮助，我们可以在每个人的基因组中把它们读取出来。

人是可以计算的

截至目前，让我们已灭绝的近亲物种复活还只是一场思想实验，但这并不意味着将来有一天，人们不会真的做出这种尝试。这样的实验将不仅是器官细胞研究的扩展，而是对研究技术的彻底颠覆。莱比锡马普进化人类学研究所正在培育的细胞组织，虽然像是某种带有尼安德特人 DNA 的微生物学意义上的器官雏形，但它们完全无法由此发育成完整的器官，更不用说成为该器官要植入的生物体的一部分。[8]尽管如此，这些培养中的细胞组织对考古遗传学研究仍然具有不可估量的价值，并有可能让尼安德特人研究由此找到下一个重要的突破口。到那时，古人类的细胞生成过程将不再只是理论上的推演，而是可以直接观察的对象。

比如说，与人类心脏相比，尼安德特人的心脏功能如何？人类肝脏有哪些代谢过程是尼安德特人的肝脏所不具备的？尼安德特人女性的身体可以承受酒精吗？还有一个很宏大的问题：在我们的大脑中是否有某些与这个已经灭绝的古人类不同的特殊之处，例如，人脑是否可以更快地生成神经网络？关于这个问题，一个合乎情理的猜想是：在人类与尼安德特人分道扬镳后的某个时候，我们祖先的大脑中发生了一些变化，正是这些变化才使得我们的世界变成了今天的样子。这当然不是因为人脑的容量更庞大，因为我们已经清楚地知道，尼安德特人的大脑平均比现代人的大脑重 250 克。

为了学术性研究而将尼安德特人复活的想法，并不是纯粹的理论假想，至少在一些实验室里，这已是人们认真讨论的话题，应该是在第二杯酒下肚，而不是在喝第一杯咖啡的时候。这一点早在几年前便在乔治·丘奇（George Church）身上得到了证明。这位哈佛学者是 DNA 测序的先驱，在第二个千禧年之交，他参与了人类基因组计划（Human Genome Project）并在其中发挥了决定性作用。2006 年，他启动了个人基因组计划（Personal Genome Project），目标是对尽可能多的人类基因组样本进行测序，以用于医学研究。在遗传学家中，丘奇无疑是一个引领风潮的标志性人物。

仅仅从这点来看，我们就有必要听一听丘奇 2012 年在其著作《重生》（Regenesis）以及其他场合提到的另一个大胆的想法和建议："培植"尼安德特人。他当时提出的观点是，尼安德特人全基因组测序的完成，已经为此打下了最重要的基础。下一步，基因组可以被分解成数千个单独的部分，以便将越来越多的尼安德特人基因一步步移植到人类的干细胞系当中，并最终生成一个"克隆尼安德特人"。丘奇强调，要进行这样一场实验，需要全社会参与讨论。在丘奇看来，这样做的好处显而易见，它有助于提高人类共同体的"多样性"，这对包括我们人类在内的每个物种的生存都大有裨益。

丘奇并没有假定现代人一定比尼安德特人更聪明，尼安德特人更大的脑容量表明，情况可能恰恰相反。丘奇在接受《明镜周刊》采访时说，如果有一天人类"为了躲避瘟疫，必须要离开地球，或者遇到其他什么情况"，尼安德特人的"思维方式"或许会更有"优势"。我们不妨设想一下，假如尼安德特人没有在进化竞赛中落败，他们是否会成为比人类更优秀的科学家？他们是否不仅满足于重建已灭绝的古人类细胞，而是已经战胜了全球性瘟疫、抗生素耐药性以及气候变化？还是说，他们当初根本就不会踏上这条造成如此诸多麻烦的道路？如果顺着丘奇的思路继续刨根问底的话，这些问题最好还是去问问尼安德特人自己。

即使在今天，克隆尼安德特人也仍然是个科学幻想，而且没有任何迹象表明，这种情况很快会发生。作为 B 计划，丘奇提出了制造"混血儿"的建议：将区别尼安德特人和现代人的特异核苷酸片段植入人类基因组序列。这种方法的好处是，人们可以根据需要，只植入某些特定的基因片段，比如说，把那些对人类有

同样借助于考古遗传学，我们现在对尼安德特人的外貌有了相当精确的了解，但对他们的社会行为所知甚少。在这个古人类群体当中，有可能已经存在较为紧密的家庭内部联系

用的尼安德特人特征嵌入到克隆的"混血儿"身上。丘奇认为，同样的方法不仅适用于尼安德特人，而且也适用于其他基因组被测定的古人类。这样一来，人们便可以穿越时空，回到一百万年前，在理论上将那时候的人类——至少是部分 DNA——重新唤醒。这个穿越时空的过程，就像是在人类进化"大商场"里的一次购物之旅。

从考古遗传学的角度来看，这一切还属于天方夜谭。这是因为，我们之所以能够成功完成尼安德特人全基因组测序，主要归功于数量庞大且保存完好的骨骼标本，我们可以从中提取 DNA，其中最古老的样本来自 40 多万年前。尽管我们在世界各地已经发现了大量直立人的标本化石，也就是现代人和尼安德特人、丹尼索瓦人可能的共同祖先，可是截至目前，这些发现只能从人类学角度、而不能从考古遗传学的角度做出判定。要想用类似尼安德特人的方式重建基因组，不仅需要骨头，还需要能够提取出 DNA 的骨头，而这一条件目前尚不具备。

不过，有一件事或许是可以做到的。在这里，我们不妨在丘奇 2012 年的设想基础上，进一步发挥我们的想象力：用电脑计算出直立人的基因组。作为计算基础，我们需要三个类型的基因组：一个是黑猩猩，一个是现代人，还有一个是尼安德特人。正如我们所知，这三者源自一个共同的祖先。通过类人猿和两个人类物种之间的差异，我们首先可以推断出现代人和尼安德特人在从同一脉系分离之后，发生了哪些基因上的突变。在某些我们与黑猩猩相似而与尼安德特人不同的地方，只有尼安德特人的 DNA 发生了变化。这一推理过程反过来也同样适用，也就是说，在某些基因位点，只有现代人与黑猩猩之间存在差异。

这样一来，我们便可以运用基因编辑技术，将现代人基因组序列中的所有位点都还原到"初始状态"。但是，由此得到的结果并不是 100 万年之前生活在非洲的"纯种"直立人，而是一种智人与直立人的"混血儿"，在他的身上，今天人类的基因被重置为原始的基础配置。从科学伦理学的角度看，这种想法本身便是一种妄念，但正因如此，我们更不能对其等闲视之。因为在今天，要完成这样一种混合基因组的计算，用市面上买来的普通便携式电脑就可以做到。

行可行之事

丘奇的实验室无论现在或将来，肯定都不会去培育尼安德特人，莱比锡马普进化人类学研究所也一样。抛开所有伦理问题，还有一个显而易见的原因，也为这类实验的可行性提供了反证：首先，如果真想让一个古人类物种作为群体复活，仅仅制造出一个尼安德特人是不够的，而是需要同时制造数百个。由于我们找不出任何理由将他们排除在现代人类社会之外，或干脆把他们监禁起来，迟早有一天他们会像5万年前那样，和我们（以及我们和他们）发生性关系，生下共同的后代。几代人之后，或许用不了一百年，这区区百十个尼安德特人的基因库将被淹没在数十亿现代人的基因库之中。过不了不久，除了非洲以外的现代人原本就携带的2%尼安德特人基因之外，余下的一切都将荡然无存。

到那时，当我们回首过往，看到的只有长达数十年的道德辩论以及天文数字般的巨额成本，而几乎看不到任何具有开拓性意义的新知识。它只能为我们证明一点：现代人永远没有能力放弃尝试他有能力做到的事情，但是这个认识早已无须证明。

要想揭开智人这一难解之谜，我们在实验室中培养的尼安德特人细胞组织，充其量只是一种辅助性工具。如果运气好的话，我们或许可以从中发现某种赋予当今人类决定性优势的基因变异。究竟是文化上的能力使人类形成了结构复杂、以劳动分工为特征的社会，并让每个个体为了整体利益而不断走向专业化？还是对同类的残暴和对非同类更甚的残暴，抑或是不惜以生命为代价、

当现代人类开始大举离开非洲时，他们在北方遇到了以极寒气候为主的猛犸象草原，一个为我们祖先后来的大面积繁衍奠定基础的巨大狩猎场

挑战自身极限的冲动，才让人类发展取得了这样的结果？或者说，所有这一切不过是一个愚蠢的巧合，现代人是误打误撞地走上了进化的正轨，而尼安德特人和丹尼索瓦人却没有如此幸运？还是说，这最终是一条错误的轨道，一个死胡同，而我们正朝着它的终点全速飞奔？在我们体内，到底是什么驱动着我们，让我们在决定胜负的最后几米路段上，还要把一个克隆的尼安德特人放在副驾驶的座位上？

现在，我们再来看看目前莱比锡马普进化人类学研究所正在用尼安德特化细胞所做的基因重建工作。作为一种有价值的技术辅助工具，这项实验或许有一天能够帮助我们解答上述问题。让我们本着传统考古遗传学的精神，踏上重返远古时代之路，回到那个北半球大部仍被冰雪覆盖、地球这片土地仍被尼安德特人和丹尼索瓦人统治的年代。在波希米亚森林，距离今天布拉格不远的某个地方，一个女子被安葬入土。根据目前的考古学理论，这个女子原本不可能出现在这里，而她或许正是尼安德特人和丹尼索瓦人消亡的早期先兆。在这个古捷克女子身上，我们发现了迄今被测序的年代最久远的现代人基因组。

第二章　饥饿

让我们回到苦寒的冰河时期。

在北方，我们的祖先难有立足之地，

统治这里的是那些仍在茹毛饮血的人类表亲。

在这里，我们将与那位古捷克女子相会。

我们的祖先找到了一种办法，克服自身局限性
所带来的沮丧。

他们的背后，是在暗中逡巡的鬣狗。

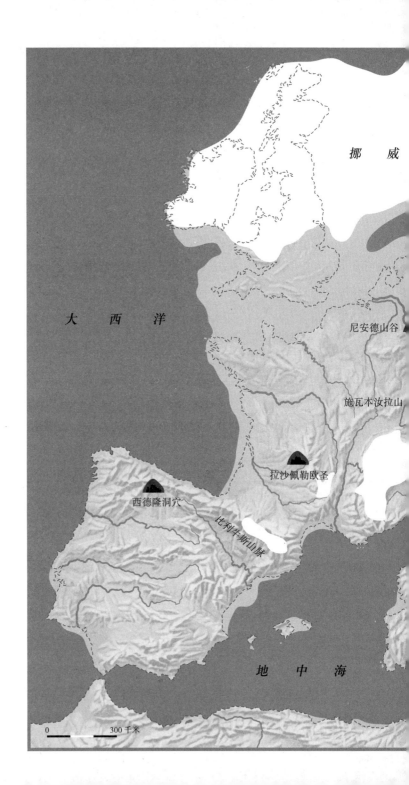

挪　威

大　西　洋

尼安德山谷

施瓦本汝拉山

拉沙佩勒欧圣

西德隆洞穴

比利牛斯山脉

地　中　海

0　　　　300 千米

冰河时期的欧洲

波罗的海

兹拉缇·库恩

阿尔卑斯山脉

黑 海

100 000　　80 000　　60 000　　40 000　　20 000

末次冰盛期

末次冰期时代的开始

现代人大举离开非洲，
向世界其他地区迁徙

尼安德特
人类型标本

兹拉缇·库恩，欧洲
最早的现代人

拉沙佩勒欧圣的
尼安德特人

德特人

同类相食

在大约 1.15 万年前才结束的冰河期，除了山洞和有火取暖的地方之外，欧洲几乎没有生物能够存活的地方，对于生活在这里的古人类来说，情况也不例外。洞穴是当时人类的生活中心，也正因为如此，洞穴才成为除坟墓外考古学家收获最多的地方。我们发现的丹尼索瓦人这一古人类亚种的指骨，便来自丹尼索瓦洞穴。法国的肖维岩山洞（Chauvet-Höhle），保存着我们的祖先大约于 3.2 万年前绘制在石壁上的令人震撼的牛马等动物的壁画。在德国施瓦本地区的盖森科略斯特勒（Geißenklösterle）溶洞中，人们发现了世界上最古老的笛子，其制作原料是鸟类和猛犸象的骨头。

在西班牙北部的西德隆洞穴（El Sidrón），考古学家发现了一种与饮食文化相关的珍贵证物，留下这一证物的很可能是尼安德特人。大约 4.9 万年前，一群尼安德特人在这里完成了一场饕餮盛宴，他们享用的食物是一种极特殊的肉类：尼安德特人的肉。被吃掉的有小孩也有老人，有男人也有女人。这是几位考古学家在一堆数量约有 2000 块的残骨中发现的，这些骨骸残片散落在不超过 5 平方米的地方，骨头上面的肉都被啃得干干净净。这个洞穴中的发现只是众多证据中的一个，它证明尼安德特人曾经以同类为食，且不论出于何种原因。对于考古学家来说，在近年出土的尼安德特人骨头标本中，骨骼主人完全或部分被吃掉已是常态，而非个别现象。在冰河时代生活在欧洲的早期现代人那里，我们从未发现过这种现象。前面提到的古捷克女子，便是他们当中第一个带给我们这类信息的人。从目前所有迹象来看，我们的祖先更愿意让死者入土为安。由此可见，尼安德特人和人类的饮食和墓葬习俗有着根本的不同。

西德隆洞穴中的骨头是来自之前被吃掉的尼安德特人，在今天即使没有法医这一点也是一目了然。在这堆尸骨中，至少有 13 个不同年龄段的人，其中包括婴儿。在他们身上，可以看出明显的切割痕迹。这些痕迹有的是在头骨的某个位置，只有在受害者被割掉舌头的情况下，这些刀痕才能说得通。死者的手足被人从躯干上切了下来，这显然是为了啃掉骨缝中的肉，就像我们今天吃烤鸡的时候常做的那样。臂骨和长骨，也就是大腿和小腿，都被掰断，大概是为了吸出里面的骨髓。西德隆洞穴中发现的所有证据，都指向一个在今天看来十分可怖的场景。无论是受害者的数量，还是遗骸被肢解的方式，都说明这不是一场仪式性的杀戮。这些人并没有被祭献给神或某种更高级的生物，而是像动物一样被宰杀，然后像动物一样被处理。

尼安德特人的捕猎对象，本应是以大型猎物为主。但在他们当中，一个群体向另一个群体发起攻击并以同类为食的现象，显然不在少数。其他一些证据和类似的遗迹也证明了这一点，例如在西班牙其他地区以及法国和克罗地亚等地。但是，这些屠杀的原因很可能并不是对食物的特殊癖好，而是饥不择食，这从受害者的身体特征等方面得到了反映。例如，在西德隆洞穴的骨堆中发现的牙齿和骨头，都显示出某些生长障碍的特征，就像在中世纪经历长期饥荒的人身上常见的那样。

由此可以推测，尼安德特人的行为很可能是出于纯粹的需要，就像 1972 年那场传奇式空难的幸存者一样。当时，乌拉圭老基督徒俱乐部的几名橄榄球运动员被困在安第斯山脉的冰山上，几天之后，他们开始把死去的队友当作食物。这些人获救后，向外界讲述了这段将伴随他们终生的噩梦般经历。也许西德隆的史前人类也和这些运动员一样，为自己的行为深感痛苦。或者还有另一种可能性，这些尼安德特人吃掉的并不是死去的本族同胞，而是在打猎时遇到的另一群虚弱不堪、奄奄待毙的人。许多骨头标本显示，尼安德特人当中的确存在彼此相杀的现象。在这些骨头上，可以看到明显的打斗痕迹，虽然很多痕迹有可能是与大型猎物搏斗时留下的，因为它们才是这群人赖以为生的主要食物。我们在这些古人类遗骸中发现的骨伤痕迹，今天只有在一个职业群体中才较为常见，这便是牛仔竞技表演（Rodeo）的骑手。对他们来说，骨折简直就是家常便饭。

西德隆洞穴中的这些考古发现，与今天许多人对尼安德特人的想象是一致的。在他们眼里，这个人类的近亲是个原始野蛮的物种，他们不具备共情能力，也没有能力创造一种属于自己的文

一位尼安德特女性的虚拟复原图。与人类非洲祖
先以及早期欧洲狩猎采集者一样，这些古人类很
可能也有着深色皮肤

化。他们在以同类为食时，只是出于饥饿，而不是因为潜藏在这
一行为背后的某种哲学式理念：20 世纪在世界某些地方还生活着
一些零星人群，他们将敌人的大脑或心脏吃掉，为的是汲取对方
的力量和精气。在专事尼安德特人研究的科学家当中，也存在不
同的学派。其中一派倾向于较为大众化的观点，认为尼安德特人
文化低劣，没有能力进行高级思维；而另一派观点则认为，这一
远古近亲与人类的相似性，在各方面都超过我们以往的想象。而
且确实有若干证据显示，尼安德特人也和人类一样具备移情能力，

以及某种程度的家庭意识。

尼安德山谷的"类型标本"——1856年发现并由此得名的第一个尼安德特人标本——在死前很久就有多处骨折，左臂严重残疾，因此很可能早已无法独自出门打猎，而是一直被周围的同伴照顾。在克罗地亚发现的另一个尼安德特人，显然在生前便缺了一只手臂，多半是在和野兽搏斗时被咬掉的。在一个冷酷自私的尼安德特人社会中，这样的人根本没有生存机会，但他的族人还是帮助他活了下来。法国拉沙佩勒欧圣（La Chappelle-aux-Saints）出土的尼安德特人也是一样，他的牙齿几乎全部缺失，给他的食物显然事先加工成了方便吞咽的大小。

葬身鬣狗之口

从1950年代在布拉格附近发现的古人类女性的化石标本来看，这位女子生前的遭遇并不比西德隆洞穴出土的尼安德特人好多少。其骨骼、特别是头骨上的痕迹，明显地反映出这一点。这些痕迹清楚地显示，这位女子死得很惨：她是被一只当时遍布欧洲和亚洲的洞穴鬣狗撕咬而死。2021年，也就是在头骨被发现近70年之后，我们终于了解到在这个标本的背后隐藏着怎样的故事。一直以来我们所熟知的关于现代人从非洲迁移到欧洲的叙事，也将因此在一处重要环节得到修正。

这位古捷克女子被命名为兹拉缇·库恩（Zlatý kůň），意思是"金马"，这是发现她的溶洞所在山峰的名字。根据此前学术界的观点，在其生存的年代，欧洲除了尼安德特人之外没有其他古人类物种。2021年之前，考古学家一直认定，兹拉缇·库恩头骨标本大约是出自1.2万年以前。如今，多亏了基因分析技术的进步，我们方才得知，它的历史远比这个更久远。这位古捷克女子生活的年代，距今很可能已有4.7万年。基因分析的结果还显示，兹拉缇·库恩所属血统与今天生活在非洲以外的所有人类的共同祖先非常接近，也就是说，与大约8万或7万年前在非洲发生分裂的主干在年代上十分相近。大约5万年前，这条主干在进化中又混入了尼安德特人的某些DNA，在短短几百年后便出现了兹拉缇·库恩所属的这一分支。

由于演化出今天欧洲人和亚洲人的这一世系直到4.5万年前才发生分离，这就意味着，年代大约要早2000年的兹拉缇·库恩没能留下存活到今天的后代。这位古捷克女子的基因痕迹早已荡然无存，也许是消失在当时活动猖獗的洞穴鬣狗的胃袋里。洞穴鬣狗正如其名，是栖居在洞穴中的一种动物。在冰河时期的欧洲和亚洲，它们与现代人和尼安德特人一起分享着共同的生存空间。

这个史前欧洲人的骨骸标本，是由前捷克斯洛伐克的矿工偶然发现的。离首都布拉格不远的溶洞是捷克最大的内部连通的溶洞体系的一部分，在规模最大的一个洞穴中，有一个50米高的钟乳石笋。在这个石笋脚下，人们发现了这个保存完好的头骨和一根长骨，它们都有被鬣狗啃食过的痕迹。除了骨头之外，人们还发现了一些石器，和这个时代的所有石器一样，只有考古学家才

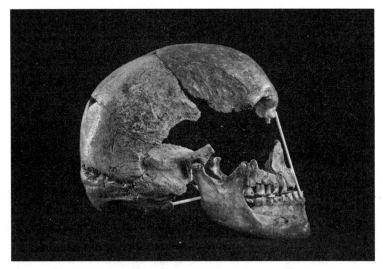

保存完好的兹拉缇·库恩头骨侧视图。2021 年的 DNA 分析显示，这位古捷克女子是迄今已知的现代人类中最古老的欧洲人

有能力辨认。从外观看，它们不过是一些被敲打过的有棱角的石头，在外行人眼里只是普通石头而已。

许多迹象表明，这些工具并不是在洞穴中使用，而是后来被水冲入洞中的。如果发挥一下想象力，同时忽略那些相反的证据，人们完全可以把这幅场景想象成一个祭祀仪式，特别是那个令人印象深刻的石笋，更是为之提供了一个绝佳的背景。但是，事实很可能并非如此。因为在洞中还有狼和鬣狗的骨头，这些动物显然是同时或在不同时间段栖居在这个洞穴中，并把在外面捕获的猎物带进洞里，安静地享用自己的美食大餐。这些猎物主要是食草动物，当然也有一些和同伴走散的体弱的人。这位古捷克女子很可能便是被那些既吃腐尸也啖鲜肉的鬣狗发现，然后拖进山洞，变成了果腹的食物。当时，她可能已是一具死尸，也有可能是被鬣狗生吞活剥。

每一个见过鬣狗的人都可以想象，一块敲碎的石块或者一根木棍对这个动物能有多大的作用。它们基本上就是行走的血盆大口，可以轻松地咬碎骨头，甚至是头骨。在冰河时期的欧亚大陆，鬣狗对待早期人类移民的态度，很可能就像家犬见到邮差。不难想象，人们对鬣狗的恐惧已经刻在了基因里，至今仍然根深蒂固。然而，鬣狗与人类的相似度其实超出许多人的认知。例如，它们具有明显的社会行为，而且喜欢吃肉。当大约 4 万年前出现面向欧洲和亚洲的移民潮时，人类和鬣狗当然并没有彼此协商，二者的关系只能是你死我活。

比看上去更古老

虽然兹拉缇·库恩的头骨早在 1950 年代便引起了考古学家的兴趣，但是这股热情很快就淡了下去。因为在第一轮年代测定之后，人们判定它不过是数百个同样有着 1.2 万年历史的古人类化石中的一个，并不值得特别庆贺。但是，正如我们今天所知，这个判断是一个莫大的错误。

其实在当时，复原后的头骨外部形状已经指向了正确的方向：标本的主人属于早期智人，生活年代虽然晚于大多数尼安德特人，但早在克罗马农人（Cro-Magnon-Menschen）生活的时代便已出现。说句对逝者不敬的话：这位古捷克女子的头骨骨骼格外粗大，俨然是一位壮汉。所有这些身体特征，都可以在最古老的早期现代人身上找到。传统方法得出的这一推断，与70多年后考古遗传学所证实的结果十分相近。但是，放射性碳测定法却将研究人员引入了歧途，于是，这位古捷克女子就这样被当作众多考古发现之一，送进了布拉格一家博物馆。

1950年代时，放射性碳测定法已然奠立了其作为考古界年代测定标准方法的地位。在当时，它是一种颇具革命性的方法，就像后来的基因测定法一样。放射性碳测定是基于对碳元素及其衰变程度的分析，来确定骨标本的年龄。根据这种方法，这块头骨的年龄被测定为1.2万年，这个结论虽然与它的形态学指征，即骨头的性状存在明显的矛盾，但在当时并未受到质疑。

现在人们已经清楚，究竟是什么造成了这一矛盾，从而使得这块头骨标本在很长一段时间内被认定没有太多的学术价值，而未能得到重视。这块头骨出土后，考古学家用骨胶将其复原，而制作骨胶的原料是牛骨。在测量碳衰变时，年轻的动物同位素与古捷克女性标本的同位素掺杂在一起，因此每次测量都会得到新的不同结果。但是在这些结果当中，从未出现过2021年DNA分析所得出的4.7万年这一数据。

在此之前，其他地区出土的一些古人类化石通常被认定是欧亚大陆现代人的最早证据。其中一个是西伯利亚乌斯季伊希姆（Ust'-Ishim）出土的约4.5万年前的一根男性股骨，另一个是在

这是当时生活在欧洲的狩猎采集者可能的样
貌，或许那位古捷克女子的长相也是这样？

今天罗马尼亚欧亚瑟（Oase）洞穴中发现的距今约 4 万年的人类
下颌骨。2020 年，科学家在古捷克人研究的基础上又发现了进一
步证据，证明现代人最初从非洲进入欧洲的时间，要比欧亚瑟人
所显示的年代更久远。在保加利亚中部一个名为巴柯基罗 (Batscho
Kiro) 的洞穴中，人们发现了一堆古人类骨骼化石，测定结果显示，
这些化石大约来自 4.5 万年前。这些骨标本的特别之处是，它们
与同一年代的东亚人有着基因上的重叠。这个结果说明,这一时期,
在从东亚到黑海的区域里，生活着一个古人类种群，他们在各处

都与当地原住民发生了杂交。然而，在那位古捷克女性标本的身上，却没有发现远东人基因融入的迹象。

　　以数万年的时间跨度看，现代人在欧亚大陆出现的时间是早5000年还是晚5000年，乍看上去似乎无关紧要，但事实绝非如此。因为它涉及考古遗传学的一大核心问题，同时也关乎对人类历史的基本认知。原来的数字显示，尼安德特人在现代人到来后不久即宣告灭绝，时间有可能是在3.9万年前，最迟不晚于3.7万年前。此后，现代人随着一个群体被另一个群体替代的过程，逐步完成了进化。但是，新的年代测定法为我们讲述了与此不同的另一种叙事：在欧洲，现代人至少与尼安德特人共同生存了5000年，之后才最终占领了整个大陆。

　　耶拿马普研究所首先对兹拉缇·库恩的头骨样本进行了线粒体DNA检测。这些线粒体的功能，是负责细胞的能量平衡。虽然线粒体的遗传物质比整个基因组，即细胞核的DNA所含信息量要少，但非常适用于人类家谱的重建。由于人类线粒体DNA都是从母亲那里继承而来，因此它可以帮助我们追溯个体的母系血统。如果对两个个体的线粒体DNA进行比较，就有可能根据不同的基因突变表现——平均大约每3000年发生一次——计算出最后一个共同的母系祖先所生活的年代。

　　分析结果表明，这位古捷克女子所属血统很早便从最初出现在非洲撒哈拉以南地区、并繁衍出第一代亚洲人和欧洲人的世系中分离了出来。但是，她的线粒体DNA与迄今发现的今天撒哈拉以南之外所有人类的线粒体DNA源头，只有8处基因突变的差别。[9]换句话说，我们或许很难再找到一个比兹拉缇·库恩距离第一代欧洲人之母更近的人。

这位古捷克女子所属的基因分支，不仅很早便脱离了人类世系的主干，而且存在时间很短，也没有留下女性后裔。虽然我们不能确定这个女子是否生育过子女，甚至不知道她死的时候是多大年纪，不过可以肯定的是，没有任何已知的史前人类，更不用说今天的现代人，其DNA可直接追溯到兹拉缇·库恩。其血统存在的时间想必只是昙花一现，也就是说，她所属的群体在进化竞争中很快就败下阵来。在乌斯季伊希姆和欧亚瑟洞穴中发现的古人类标本也是一样，其遗传物质在今天人类身上都没能留下任何痕迹，其血统也早已消失无踪。目前已知年代最古老、在今天大多数欧洲人身上留下遗传物质并因此被视为欧洲人直接祖先的，是在俄罗斯西部科斯坦基地区（Kostenki）发现的智人。其生活的年代大约在3.9万年前，其所属的早期智人群体很可能是在不断迁徙中一次次赢得竞争，并成为最后的赢家。这群人所处年代在时间上与尼安德特人的消亡相重叠，而猛犸象、其他大型动物以及洞穴鬣狗的相继灭绝，同样也是发生在这一时期。

就像在俄罗斯、保加利亚和罗马尼亚等地发现的早期现代人以及今天生活在非洲以外的所有人类一样，古捷克人兹拉缇·库恩也拥有2%—3%的尼安德特人DNA。这是全基因组测序得出的结论。这个结论并不意外，因为她的起源也可以追溯至同一人群，也就是来自非洲大陆、在近东与尼安德特人发生混居，并形成存续至今的人类基因库的人群。

■ 被分解的尼安德特人

在现代人的 DNA 中，尼安德特人基因的相对比例几万年来一直保持不变，未来也将如此。这里面的道理，我们不妨用一杯水和一杯蓝色颜料来解释。当现代欧洲人和亚洲人的祖先所源自的群体与尼安德特人相遇后，就像一杯水被混入了一滴蓝色颜料。现代人后来从这个群体中分离出来，并在世界各地定居，他们身上都带着淡淡的蓝色印记，并将它遗传给自己的后代。因此，无论后来谁和谁混血，他们都是略带蓝色，并生下同样带有浅蓝色印记的子女。这些后代要想变得更蓝，唯一的办法是与尼安德特人再次发生杂交。这件事也确实一再发生，巴柯基罗人和欧亚瑟人的祖先便是如此。

虽然说象征尼安德特人遗传物质的"蓝色"部分，在古捷克人体内和在现代人当中并没有明显的区别，但是在全基因组中的表现，还是反映出一些不同的特点。其中最重要的特征是，古捷克人所携带的与尼安德特人相关联的遗传信息长度，明显大于所有后来的人类。这表明，当现代人与尼安德特人发生杂交后，古捷克人所属的基因血统在很短时间内便从后来演化出欧洲人和亚洲人的群体中分离了出来。当现代人与尼安德特人混血杂交的阶段结束后，人类基因组中的尼安德特人片段虽然没有变少，但是越来越分散，因为随着每一代人的诞生，它们都会在下一代 DNA 中重组。

这个过程一直持续到今天，因此我们所看到的尼安德特人

DNA 在人类基因组中的分布形态，就像是粉刷公寓后的地板上留下的污迹。在古捷克人的身上，尼安德特人 DNA 留下的则是实打实的颜料。根据这一事实，我们可以推测出她的年龄：在她与尼安德特人和现代人发生杂交的群体之间，隔着大约 70 代人。由于这两个人类物种最初在近东杂交的阶段结束于 5 万年前，由此可以推断，兹拉缇·库恩生活的年代大致是在 4.7 万年之前。

1号染色体上的荒漠

与其他考古发现相比，古捷克人与尼安德特人在年代上的接近，其实并没有显得格外突出。因为我们很早就了解到有一些群体，他们一部分直接来自尼安德特人与现代人的结合，或者尼安德特人与丹尼索瓦人，甚至是现代人与丹尼索瓦人的结合。比如罗马尼亚的欧亚瑟人也有约 10% 的尼安德特人 DNA，以此推测，欧亚瑟人也有可能是这一史前人类的孙辈或者曾孙辈。所有这些混血人种与古捷克人都有一个共同点：他们的基因血统都没有得到传承。这样一来，便自然引出一个问题：造成这个结果的原因，是否与其基因中的某些遗传物质有关？是否是因为这一人群体内有着比例更高的史前人类基因，才导致其在生存竞争中处于不利的位置？这个古捷克人的案例并不能为这个问题提供答案，但至少她的部分 DNA 会引发人们做出各种猜测。如同一般科学一样，猜测对于考古学和考古遗传学来说，是人类接近真理的重要手段。

为此，我们不妨再次发挥一下想象力。我们假设，所有尼安德特人的基因仍有大约一半存在于今天人类的基因组当中，这就意味着，另一半基因在演化过程中遭到了剔除。当某个基因或碱基组合导致进化上的劣势时，这样的情况通常就会发生。淘汰劣质基因的可能性五花八门，不计其数的基因配置都有可能决定哪个物种能够在竞争中胜出，以及在同一物种中哪些个体在基因库中占据优势，这些配置包含从体能到智力水平等诸多因素。

我们可以用孔雀为例。对孔雀而言，如果没有五彩斑斓的开屏的羽毛，就不可能有性爱发生。有哪只孔雀能够在几十万年前意识到，暗淡的灰色光泽会成为基因血统消逝的决定性因素，而旁边那只不可一世、到处炫耀羽毛的暴发户，却会攀上进化的阶梯？从今天的角度看，这条进化路径似乎是唯一合乎逻辑的，因为我们无法想象一个由灰色孔雀构成的世界。也就是说，偶然性是进化的一个核心要素。但这让考古遗传学家们更加无法确定，究竟是哪些基因突变为我们的祖先指明了通往成功的进化方向。

让我们再次回到古捷克人。关于她的虚荣心，我们一无所知，而且她的身上也没有孔雀的艳丽羽毛。不过，我们可以分析一下她的 1 号染色体的性质，这是人类染色体中最大的一条。在现代人类中，至少从尼安德特人研究者的视角来看，这条染色体的特点就像一片荒漠：在人类基因组中，这是尼安德特人 DNA 不曾踏足的一处，每个今天的现代人莫不如此。这说明，尼安德特人的基因在进化过程中被从 1 号染色体的位置上筛除了出去，只有现代人的基因保留了下来。人类最早祖先的染色体也有这一"荒漠",还有那些在4万年前用岩洞壁画、维纳斯小像和原始乐器创造了欧洲克罗马农文化的人,同样也不例外。但是,在这个只留下一块被鬣狗撕咬过的头骨、也许还有几件原始石制工具的古捷克人身上,我们却没有发现这一"荒漠"。她的1号染色体依然与尼安德特人没有两样。

莫非这就是古捷克人的基因血统最终被淘汰的原因?这是否意味着,尼安德特人的1号染色体正是这个古人类群体与后来征服世界的现代人相比所呈现出的决定性劣势?对此,我们只能凭借想象来猜测。这是因为,1号染色体是人体22对染色体中最大的一对(此外,女性还有两条X性染色体,男性则是XY性染色体),它缠绕了大约2.5亿个核苷酸碱基对,占人类DNA约8%。这使得我们很难判断,究竟是哪些遗传信息给我们的祖先带来了尼安德特人所不具备的进化优势。这种差异也有可能表现在另一个完全不同的染色体,或是一个迄今被忽略的基因位点上,又或是单核苷酸在基因组不同位置上共同作用的结果。

但是我们可以排除一种可能性,即单一基因造成了现代人和尼安德特人之间的差异,在21世纪头十年,这种假设在考古学和进化遗传学中仍然非常流行。随着时间的推移,这一观点已经被证明过于草率。在尼安德特人1号染色体"荒漠"中的那些基因,并非每一个只有一个特定功能,而通常是成千上万种,其具体功能则取决于与哪些其他基因合并发生作用。

因此我们不能抱有太多希望,能够通过这一古人类的脑细胞培养来找出导致尼安德特人灭绝的基因位点。慎重地讲，这两个有着近亲关系的人类种群之间的差异，很可能不是在细胞层面的代谢过程中可以观察到的。因为使我们的祖先成为世界统治者的"神圣火花"，不太可能现身于人类实验室的培养皿中。诚然，人类创造人类文化的独有能力，必然与人类的基因以及大脑结构有关，然而我们是否有朝一日能够看穿这种分子间的相互作用，则只能留给未来去回答。

并非"贤者之石"*

理解"文化"现象的困难，始于对"文化"这一概念的定义。当然，莎士比亚、贝多芬、金字塔——每一个产生于人类大脑并能引起他人愉悦的创造性成就，都可以被称作文化；但是，那些肥皂剧、斗鸡表演，以及电视上的荒野生存真人秀，大概也属于这一范畴。每个人都可以按照自己的理解，将不同事物放进文化的"箩筐"，人类文化之难以捉摸由此可见一斑。当一个素食主义者和一个牛排爱好者谈论饮食文化，一个流行音乐爱好者与一个

---

* Stein der Weisen，拉丁文是 lapis philosophorum，是一种存在于传说或神话中的物质，其形态可能为石头（固体）、粉末或液体。它被认为能将卑金属变成黄金，或制造能让人长生不老的万能药，又或者医治百病。由于炼金术师们对这种物质的不懈追求，它也被赋予了"大奇迹""伟大的创造"等称号。有时候，这些称号也被用来称呼那些"贤者之石"的制造者，以此来形容他们在炼金术师中的至尊地位。——译者注

古典乐迷探讨音乐，或者当一个足球迷向一个对足球丝毫不感兴趣的人大谈足球改变世界的作用时，这种文化定义的复杂性就会暴露无遗。

我们同时也要当心，不能过分夸大人类文化的意义，因为无论过去还是现在，人类的严重罪行也是人类文化的一部分，而且两者往往不可分割。我们今天仰望赞叹的金字塔是建在成千上万工匠的尸骨之上；我们今天大加赞美的一些艺术品，创造它们的艺术家却是夺走数百万人生命的可怕邪教的追随者。因此，人类文化是一个不含价值判断的概念，人类在历史长河中在地球上所创造的一切皆可称作文化，其中既有美好，也有罪恶。

精心雕刻的长笛、维纳斯小像、洞穴壁画，这些无疑都是高级文化的代表。这种文化大约在4万年前出现在欧洲，它很可能是8万多年以前在非洲南部发源，然后从星星之火变成燎原大火，燃遍整个世界。这种蓬勃发展的艺术创造能力，只是人——更准确地说是人类——身上所发生的本质性变化的特征之一。其诞生的年代，或许是人类某一天突然意识到生命的意义不仅仅是找到下一个温暖的洞穴、得到下一餐食物的时候。

与生存同在的是生活。当第一个人萌生出这样的念头：对一根鸟骨进行加工，让它发出声音，然后稍加练习，继而产生出旋律，那么第一张多米诺骨牌就会被推倒，并刺激人们不断去创造更加精致的作品。在这里，很可能是某些微不足道的动机发挥了作用，正如我们在孔雀和其他动物身上所看到的一样。一个有才华的笛子演奏者，就像一个优秀的猎人，可以凭借他的技能，让自身繁殖后代的机会明显提高。受此驱动，现代人开始从石器时代向着高度文明快速迈进。

收集贝壳的诱惑

尼安德特人的情况则全然不同。几十年来，研究人员抱着极大的热忱，努力在世界各地寻找这一早已灭绝的人类物种的遗迹，以期从中发现能够证明尼安德特"高级"文化存在的迹象。其结果不如人意：虽然这些史前人类能够制造工具，并且很可能也懂得取火，但是几乎没有任何证据表明，他们拥有制作精细物品、甚而创造尼安德特艺术的能力。

不过在 2010 年，考古学家在西班牙东南部的两个洞穴中发现了一些有 5 万年历史的贝壳化石，从这些贝壳上的穿孔，可以看出它们似乎被尼安德特人作为饰物佩戴。此外，在这些发掘物中，人们还发现了一些彩色矿物质的残余，按照当时的判断，它们有可能是尼安德特人"彩妆"的残留物。不过也有另外一种可能性：贝壳上的孔也许只是在 5 万年的时间里自然形成的，颜料则有可能是通过其他途径附着在上边，而非借由尼安德特人之手。假如真是这样的话，这些发现就不是艺术，而是自然界的即兴之作。

但是，施瓦本罗纳谷（Lonetal）中那些来自 3.5 万至 4.1 万年前的艺术品，却不可能是因为巧合而有了狮身人面的形状，也不可能无缘无故地看上去就像一个美丽的女人，自然界的风吹日

石器时代的艺术品——德国施瓦本地区罗纳谷出土的"人面狮身像"，今天依然带给人深刻的印象。也许在当时，它只是孩子们的玩具？

晒也绝不可能在一根鸟骨上，磨出六个间距相等的细孔。我们所看到的这些数量众多的克罗马农时期的艺术品遗迹，与当时人的墓葬习俗有很大关系。许多坟墓中的死者并不是简单地被掩埋，而是被安葬在那里，旁边有很多陪葬品。这些陪葬品大多是饰物和武器，还有其他日常物品。

在尼安德特人这里，我们迄今没有发现这种墓葬仪式的迹象，虽然有些在尼安德特人遗骨旁边偶然发现的经过打磨的石器，让人不由得产生联想，认为尼安德特人也有墓葬和陪葬物品的习俗。然而，这些石器可能只是尼安德特人遗落的石制工具而已。我们从未发现过一座尼安德特人的坟墓，当中的死者以某种特定的方式被埋葬：或躺，或坐，或与另一死者肩并肩。但是在克罗马农人那里，这样的墓葬遗址我们已经发现了几十个。

考古学家如今用于研究的尼安德特人遗骨，大多来自死者去世的地点。这些人死后，尸体留在了原地，有些还被鬣狗和其他食腐动物啃咬过。我们的祖先因为有埋葬亲人的习俗，从而避免了这种景象。也许他们是想以此回避这一惨痛的现实：人类只是周遭动物世界的一部分，这个世界还远远没有被他们所征服。将亲人有尊严地埋葬可以向自己证明，他们不仅在生前而且在死后，都已经脱离自然界无休止循环的魔咒。此外，安葬亲人的仪式让他们相信，自己死后也会得到族人的同样照顾，而不会沦为四处觅食的野兽的口中餐。

智人的自信

不过那时的人类还远远没有形成一个包括所有个体在内的"价值共同体"，并与现代人一起进化，带给每个成员一种特殊的归属感与团结意识。尽管他们对文化的热衷、对生命的敬畏以及在同族内所表现出的社会凝聚力都让人感触至深，但是他们对待其他族群的手段之残酷，却又令人发指。就后者而言，尼安德特人和现代人在使用暴力的形式和程度上并无分别。每当两个族群在人口稀少的欧亚大陆上不期而遇时，他们几乎都要迅速做出判断，是否会遭到对手的袭击，或者干脆抢在前面，主动向对方发起攻击。

但是可以肯定，随着对文化技能的初步掌握，现代人逐渐形成了一种对自身在世界秩序中独领风骚的意识。时至今日，人类已经被这种意识所占据，而且有很多迹象表明，基因上的差异也是造成这种优越感的重要原因。这些差异是现代人和尼安德特人从非洲共同祖先中分化出来后，随着90个特定基因位点的差别化，在现代人的血统中逐渐形成的。在这些基因突变中，莫非有一种突变让人类萌生出一种轻度妄想，随后，这种妄想的遗传基因迅速蔓延，从而使人类这个物种只能通过神话、音乐和岩洞壁画的创作，为漫无目的的游荡生活赋予更深层的意义？

若想有一天可以对现代人在进化上的成功找到某种遗传学根据，并以此来解释人类为何能够在4万年前凭借进化优势征服世界，把尼安德特人和丹尼索瓦人彻底甩在身后，那么我们只能到非洲去寻找。在这里，我们首先要对一种至今仍然流行的人类学叙事提出质疑，即智人是从非洲经由欧亚大陆走向世界的。因为在迈出这一步之前，现代人已然经历了一个漫长的预备过程，并遭受了无数挫折。北方——尼安德特人和丹尼索瓦人为自己找到的栖居之地——对我们的祖先来说遥不可及，他们为后来的成就所做的一切积累，都是在非洲这个人类的摇篮中完成的。这里是智人基因进化的大熔炉。在争夺物种桂冠的竞争中，智人只是众多候选者当中的一个。

第三章　猿猴的星球

回溯远古之一瞥：

一切的发端始于数百万年前；

在非洲生活着各种类人猿，

其中绝大多数在进化中走入了绝路，

或成为阿尔卑斯山中的"乌多"。

人类从非洲的基因熔炉涌向欧洲，暂时止步于

希腊。

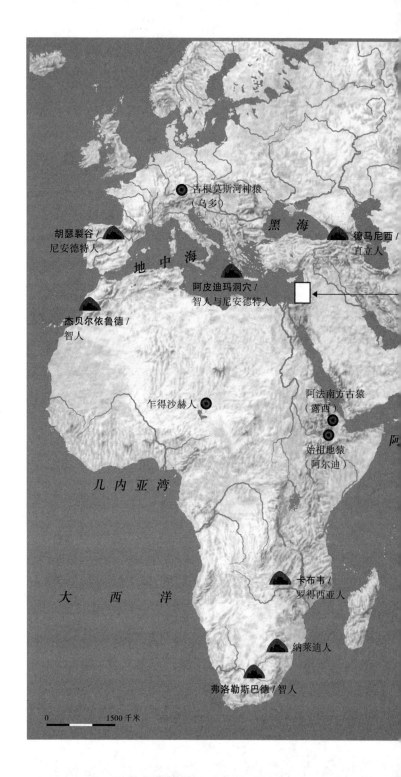

古根莫斯河神猿
（乌多）

黑　海

德马尼西 /
直立人

胡瑟裂谷 /
尼安德特人

地　中　海

阿皮迪玛洞穴 /
智人与尼安德特人

杰贝尔依鲁德 /
智人

乍得沙赫人

阿法南方古猿
（露西）

始祖地猿
（阿尔迪）

阿

几 内 亚 湾

卡布韦 /
罗得西亚人

纳莱迪人

大　西　洋

弗洛勒斯巴德 / 智人

0　　　　1500 千米

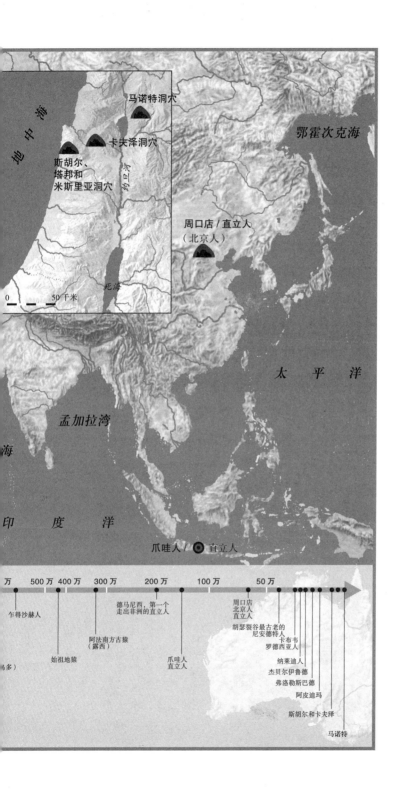

地中海

马诺特洞穴

卡夫泽洞穴

斯胡尔、
塔邦和
米斯里亚洞穴

约旦河

死海

0 　　 50千米

鄂霍次克海

周口店／直立人
（北京人）

太　平　洋

孟加拉湾

印　度　洋

爪哇人 ／ 直立人

万	500万	400万	300万	200万	100万	50万		

乍得沙赫人

德马尼西，第一个
走出非洲的直立人

周口店
北京人
直立人

胡瑟裂谷最古老的
尼安德特人
卡布韦
罗德西亚人
纳莱迪人
杰贝尔伊鲁德
弗洛勒斯巴德
阿皮迪玛
斯胡尔和卡夫泽
马诺特

阿法南方古猿
（露西）

爪哇人
直立人

始祖地猿

（鸟多）

近东的领地之争

当现代人走出非洲，一批批涌入原来由尼安德特人统治的领地后，一场长达几十万年的争夺就此展开。在这块地盘上，直到今天仍然在发生着不可调和的领土争端，尽管前提和性质与当年截然不同。这个地方大致就是近东，具体讲就是今天的以色列。两个古人类种群的栖息地在这里发生重叠，边界不断移位。偶尔也有一些现代人决定到北方探险，但这群人的血脉而后却陆续灭绝，就像古捷克人一样。这是所有非洲之外现代人的祖先后来向北方大规模迁徙的一次预演，起点很可能是阿拉伯半岛。

在此之前，人类已经学会了直立行走，形成了功能强大的大脑，并且发展出了文化上的技能。这一漫长的过程是在非洲完成的。这个过程并非像大多数研究者直到几年前依然猜测的那样，是在非洲某个特定地方完成的，而是很可能分散在整个大陆。在这个基因大熔炉中，各种不同的古人类血统相互交融，最终融合成为非洲人，我们所有现代人的共同祖先。在此之前，这些史前人类曾经尝试了一切可能向北方迁移，从希腊到中国的相关史料证据多达数百份。对人类历史来说，这些考古证据仿佛构成了一个展示梦想破灭的陈列馆。

在以色列北部，从加利利海东岸到海法港海岸，近年来人们发现了多处古人类遗迹，其中既有尼安德特人，也有早期现代人。这些考古遗迹有些相距只有咫尺，尽管相应的个体并不是在同一时间生活在这里。地球的这块地方集中了如此大量的早期智人和尼安德特人的遗迹，这种现象表明，现代人类 DNA 中所反映出的两种史前人类的基因融合，很可能就是在这里发生的。两者在共存的同时，想必也在为争夺食物、资源和配偶而展开血腥厮杀。

大量头骨化石的发现证明，尼安德特人曾经生活在这里，直到灭绝之前，这里一直是他们的栖息地。与同一时期现代人有关的考古学史料则相对较少，但并非是零。从近年来新发现的骨骼化石可以推断，尼安德特人和现代人的相遇最迟是在 5.5 万年前。2015 年在加利利海东岸的马诺特洞穴出土的一块头骨，经考古学家鉴定后判断，便是出自这个年代。虽然已无法从中提取 DNA，但从这块残缺不全的头骨复原后的形态看，可以断定标本的主人是现代人。

在这块头骨附近，人们还发现了一处史前人类用过的火堆遗迹。马诺特头骨的年龄，与今天非洲之外所有人类的祖先"汲取"尼安德特人 DNA 的时间点几乎完全吻合，这个时间点是从现代人 DNA 推算出来的。因此，这一发现十分重要，它很有可能成为人类向欧亚大陆扩张历史的一个里程碑。5.5 万年前生活在马诺特洞穴的这位男性或女性，或许便是欧亚人直系祖先的一员。不过，由于缺乏充分的 DNA 信息，这种推测仍然只是一种无法确认的可能性。

但是，马诺特遗迹远远称不上是非洲以外的现代人留下的最早证据，而且也不是现代人与尼安德特人相遇的最古老证据。因为在尼安德特人的进化轨迹在 60 万年前从非洲智人中分离出来后，他们很可能在大约 50 万年前找到了通往欧洲之路。很可能在此后不久，就发生了与现代人的杂交，这一点从后来尼安德特人身上的基因痕迹可以得到证明。这些基因痕迹来自那个年代已经生活在非洲以外的现代人。

■ 我们对尼安德特人的贡献

尼安德特人基因组测序为这个古人类基因融入现代人 DNA 提供证据之后，2016 年的一个新发现再次证实了这两个人类物种之间的密切关系。但这一次，科学家是在尼安德特人身上发现了智人 DNA 的痕迹。这一惊人发现使我们不得不对自身的进化轨迹重新进行修订。这一发现要归功于 42 万年前生活在西班牙的一位尼安德特人，研究人员意外地用他的骨头标本成功完成了 DNA 测序。这些骨头同样来自出土了大量尼安德特人骨骼化石的西班牙胡瑟裂谷。在此之前人们一直认为，尼安德特人血统是于 42 万年前才在非洲出现，按照这一推测，他们不可能在这一时间已经"扩张"到欧洲如此偏僻的角落。

西班牙尼安德特人的 DNA 不仅否定了这一点，而且给我们带来了更多信息。它与迄今完成测序的尼安德特人 DNA 明显不同，后者的年代要比前者晚得多。在与现代人基因组进行比对后，人们发现，所有这些年代晚于古西班牙人的尼安德特人，其基因组中全部都混入了智人的 DNA。

这种基因融合的现象，首先反映在线粒体 DNA 上。这意味着，至少就这个只有母亲才能遗传给后代的 DNA 片段而言，其源头可以追溯到某个女性智人身上。2020 年，人们用同样方法对 Y 染色体（即父传子的性染色体）进行了基因分析，并得出了与线粒体 DNA 分析相同的结果：Y 染色体也来自现代人。也就是说，至少有两个现代智人曾对大多数尼安德特人的基因库做出了贡献。实际情况可能远不止于此。[10]

人们借助遗传时钟、细胞分裂分析以及 DNA 比对等方法，如剥茧抽丝一般找出了答案：在不早于 42 万年前而不晚于 22 万年前的这段时间里，早期现代人和尼安德特人之间就已经发生了基因流动。这一点也在后者的基因库中得到了反映。

来自远古的希腊人

2019 年，图宾根大学的一个团队对 40 多年前在希腊南部马尼半岛的阿皮迪玛（Apidima）洞穴中发现的两块头骨进行了分析。当年发掘出土时，研究人员在技术上的能力还十分有限，用新的方法重新检测这两块头骨无疑是一个好主意。因为从那时候以来，我们不仅发现了一个新的最古老的现代欧洲人，而且还找到了一个有可能是尼安德特人和现代人相遇处的一个新热点地区。

这两块头骨化石被命名为阿皮迪玛1号和阿皮迪玛2号。由于两块头骨的保存状态很差，因而复原难度非常大。阿皮迪玛1号的状态尤其糟糕。对于没有经过专业训练的人来说，它没有一处看起来像是头骨，而且它的一半还嵌在石头里。借助CT扫描等技术，研究人员用这些碎片复原出头骨的形状，并且用铀钍测年法测出了骨龄，这种方法是通过测算石笋的衰变过程，来确定溶洞岩层中的化石年龄。

嵌在石头中的阿皮迪玛1号的骨龄被确定为至少21万年，阿皮迪玛2号至少为17万年。同时，阿皮迪玛1号的头骨形状还显示出现代人的特征，再加上年代测定的结果，这一发现顿时引起学术界的轰动。因为在此之前，人们一直认为现代人是随着4万年前的大迁徙来到欧洲的。尽管阿皮迪玛1号兼有远古和现代特征，但是在头骨复原以及与其他早期欧洲人作比较后，对于其属于现代智人这一点，几乎不再有任何疑问。由于这些样本中没有留下可以测序的遗传物质，我们对其基因结构一无所知。但可以肯定，阿皮迪玛1号绝不可能是现代欧亚人的祖先，因为它的年代实在太过古老了。

不过，可以想象的一种可能性是：当年有可能是在希腊，现代人与后来深刻影响欧洲的尼安德特人发生了基因交换。如果这种推测成立，是否阿皮迪玛1号本人也曾与尼安德特人进行过交配，我们将永远不得而知。而且我们同样无从知晓，早期希腊人的扩张到底达到了怎样的规模。莫非他们只是一个东突西撞、规模却很有限的部族，在短短几代人之后便销声匿迹？抑或后来壮大成为一支历经数千年不衰的狩猎采集者势力，在伯罗奔尼撒半岛南部一代代繁衍？

情况很可能不是后一种。因为迄今我们已经找到了数百块尼安德特人的化石标本，而有关非洲以外现代人的考古发现却寥寥无几。每一块年代超过4万年这条神秘界线的智人化石，都会成为轰动一时的头条新闻，至少对专业期刊如此。但是，如果要想看到一块尼安德特人的骨头，你甚至不需要走出阿皮迪玛洞穴就能做到。因为根据2019年基因分析显示，阿皮迪玛2号便属于尼安德特人。尽管这个尼安德特人个体在洞穴中生活的时间，比阿皮迪玛1号晚了4万年，但假如尼安德特人在此之前已在这里定居——从这一古人类物种移居欧洲的漫长历史来看，这一点似乎毋庸置疑——那么他们与现代人最早的杂交，便有可能是发生在这里。

不过，希腊只是两个人类种群最早发生混血的一个可能的地点，因为在今天的以色列，也完全存在同样的可能性。早在20世纪初，考古学家就在以色列北部卡梅尔山的斯胡尔（Skhul）洞穴发现了几块分属不同个体的骨骼化石，它们散落在几处不同的墓穴中。这些标本的主人是生活在大约12万年前的现代智人。在斯胡尔洞穴以东大约40公里处的卡夫泽（Qafzeh）洞穴出土的另外几块古人类化石，大致也是出自同一年代。当考古学家在1930年代挖出这些骨头时，他们的看法与当时考古学界的主流观点一致，认为这些标本所反映的是从尼安德特人向智人过渡的中间状态。[11]如今我们已经得知，斯胡尔人和卡夫泽人都属于现代智人，只是其头骨仍然保留着年代更古老的形状。斯胡尔人和卡夫泽人同样也不是我们的祖先，这些人早已灭绝，时间比尼安德特人还要早得多，最迟大概是在 8 万年之前。

在过去几十年里，斯胡尔人和卡夫泽人一直被认为是非洲以外现代人的最古老证据。2019 年出土的阿皮迪玛 1 号把年代坐标大大提前，并将地理位置移向更靠北的地区在。在这之前，考古学家还曾有过另一个重大发现，同样证明了近东在人类历史上的核心作用。与斯胡尔遗址一样，米斯里亚（Misliya）洞穴也位于卡梅尔山脉，只是偏北大约 10 公里。很可能早在 18 万年前，便有现代人在洞中生活，这一点通过洞穴中发现的一块带有 8 颗牙齿的上颚骨化石得到了确认。尼安德特人也看中了卡梅尔山，将其作为栖居地，对此大概没有人会觉得意外。比如说，在距离斯胡尔洞穴只有几米远的塔邦（Tabun）洞穴，尼安德特人在大约 12 万至 8 万年前曾经在这里生活。

矮小、粗壮、强悍

在今天以色列地区，现代人和尼安德特人的栖息地很可能有过重叠，他们甚至有可能曾为争夺洞穴发生过搏斗，但是到后来，两者显然并没有形成某种混居式的"合住"模式。尼安德特人与现代人栖息地之间的界线随着气候变化——这些变化往往表现得十分极端——而不断推移。每当天气变暖时，现代人的栖居地便会向北稍稍移动，就这样从阿拉伯半岛南部逐渐转移到今天的以色列。我们的祖先通过进化已经适应了温暖的气候，而尼安德特人却更适应寒冷的北方，部分是因为他们矮小粗壮的体格能够更好地储存热量。[12]从另一方面讲，尼安德特人虽然在温暖气候下也能够生存，但是他们对北方大草原以及草原上的大型野兽却十分依赖。随着气温的不断升高，这些猎场也在逐渐向北方推移。

在始于 260 万年前的冰河时期，由于气温的无数次极端波动，生态系统的南北移动也频频发生。从 1.2 万年前持续至今的全新世这样的温暖期，此前也曾出现过多次，虽然那时候没有额外的人为因素对此起到助推作用。在温暖期，全球气温普遍上升，极端情况下比今天的平均温度还高 2°C。即使在寒冷期，同样也会出现气温急剧上升的现象，温度在最高的时候与今天温暖期较冷时的气温大致相当。

与非洲以北早期智人相关的大部分考古发现，都来自全球气温明显向上波动的时期。其中历时最长、同时也是最炎热的所谓间冰期是埃姆间冰期（Eem-Warmzeit），始于大约 12.6 万年前，结束于 11.5 万年前。这一时期的名称来自荷兰的埃姆河，鹿特丹医学家和地质学家彼得·哈廷（Pieter Harting）于 19 世纪在埃姆河中发现了蜗牛和贝壳的沉积物，而今天这些生物的栖息地，都是在地中海海域。在埃姆间冰期的气温达到高峰时，全球平均气温远远超过了当下，在今天伦敦城附近水域，甚至有犀牛和河马出没。在斯胡尔和卡夫泽洞穴中留下遗骨的那些现代智人，便生活在这一时期。

不过，迄今已知的非洲以外最古老的现代人阿皮迪玛1号，其生存年代则是在萨勒冰期（Saale-Kaltezeit）。在德语中，之所以有这个称谓，是因为大冰期的冰川边缘在这一时期一直延伸到图林根的萨勒河。在萨勒冰期的高峰期，全球平均气温一度降至9℃，对于从非洲迁移到欧亚大陆的现代人来说，这样的气候条件是不堪忍受的。但是，这与阿皮迪玛1号在这一时期定居在希腊南部并不矛盾，因为在其生存的年代，萨勒冰期出现了中断。在这段瓦肯温暖期（Wacken-Warmzeit），平均气温明显上升。因此，今天希腊在当时的气候有可能相当温和。

相比之下，在尼安德特人阿皮迪玛2号生存的时期，气候条件则与此迥然不同。除了末次冰川期最盛期之外，在过去两百万年里，气候如此寒冷的年代可谓绝无仅有。尼安德特人栖居在卡梅尔山的漫长年代，也与生存空间随气温变化而变化的逻辑相吻合：当埃姆温暖期于11.5万年前结束后，该地区的气候对现代智人来说又变得过于寒冷。他们再次在这里落脚，很可能是几万年之后的事了。这一点从马诺特洞穴出土的5.5万年前的头骨也可以得到印证。

在这段充满变化的历史时期，尼安德特人和现代人是否曾在以色列所在的这片土地上发生过相遇和碰撞？在找到能够证明二者交集的考古学证据之前，这一切都是纯粹的猜想。但是，这种猜想并非绝无可能。在冰河时期，阿拉伯半岛大部分地区虽然植被茂盛，却远远称不上辽阔无垠的狩猎场。在这样的环境之下，激烈的暴力冲突随时都有可能发生。这些冲突大概多半是为了争夺大型猎物的捕猎权，想必也有部分原因是抢夺配偶。尼安德特人在捕猎猛犸象和其他欧亚大型野兽方面拥有无可比拟的优势，而且，他们对潜在的危险也更加熟悉。因此，新出现的竞争对他们来说，或许只是多了些烦恼，而非关乎生存的威胁。根据目前掌握的与非洲早期移民相关的零星线索，上述推测并非毫无根据。

那些在几万年的时间里为了扩大生存空间而不断尝试的现代人，或许个个都是无畏的冒险家，但驱使他们向北迁移的另一层动机，也有可能是纯粹的求生本能。可以肯定，他们的遗传痕迹总是在不断地消失。不断的失败已经成为人类祖先在非洲创建的文化的一部分，而正是这种文化最终为人类的成功扩张奠定了基础。通往成功的道路是如此漫长，它是从那些从树上走下来、迈出第一步的猴子开始的。在那一刻，其他同类物种或许都在用疑惑的目光打量着他们，并为后者的不自量力暗自发笑。

阿尔高的直立人乌多

在走上主宰地球的道路之前，我们的祖先首先要做的一件事，是与他们的近亲类人猿划清界限。根据遗传学计算，现代人、尼安德特人和丹尼索瓦人的进化线从与黑猩猩的共同祖先中分离出来大约是在 700 万年前。黑猩猩、人类和大猩猩的共同祖先存在于大约 1000 万年前，红毛猩猩的血统出现得更早，在大约 1500 万年前。也就是说，猿类远在人类出现之前，已经在整个非洲和欧亚大陆上生活了千百万年。

始于 2300 万年前、结束于 530 万年前的中新世，为类人猿的扩散提供了理想条件。当时，非洲和欧亚大陆处于热带气候，北方被雨林和原始森林所覆盖。当时究竟生活着多少物种，如今我们已无从确定。在这样的气候条件下，一个死掉的猿人可以在很短时间内被吃掉，然后被细菌分解，所以那个时期几乎没有留下任何化石。但是我们不妨推测，当时有可能存在至少十几个不同种类的类人猿，他们从非洲出发，一路蔓延到欧洲和东亚。他们当中的一个，便是 1200 万年前生活在阿尔高地区（Allgäu）的乌多（Udo）。

在阿尔高一个黏土洞坑中发现的这只古猿，正式名称是古根莫斯河神猿（Danuvius guggenmosi），它的昵称来自其部分骨骼——包括一根近乎完整的胫骨——被发现的那一天，2016 年 5 月 17 日，恰好是德国摇滚巨星乌多·林登贝格（Udo Lindenberg）七十岁生日。看来，图宾根的研究团队对林登贝格和他的叛逆客（Panikrocker）乐队确实情有独钟。在对骨骼化石进行复原时，研究者得出一个惊人的结论：乌多显然能够直立行走。在此之前，人们一直认为这种能力是类人猿于 750 万年前在非洲草原、而非阿尔卑斯山山麓获得的。这一研究结论引发热议，媒体记者对此的热情甚至超过了科学家。他们纷纷猜测，乌多及其

这是 1200 万年前生活在阿尔卑斯山脚下的古猿乌多的外貌复原图。但他是否确如 2016 年被发现后人们所猜测的那样能够直立行走，目前尚存争议

所属群体是否是直立人（Homo erectus）的鼻祖？也就是说，人类进化的摇篮是在欧洲中部，而不是非洲。

事实很可能并非如此。按照这种解读，乌多的后代在向南迁移的路上必须要重新改掉直立行走的习惯，仅这一点就是说不通的。除此之外，我们很难依据几块来自几百万年前的骨骼碎片做出准确判断：这个相关个体是否真的能够直立行走？如果是，是否也只是偶尔为之，而非日常习惯的行动方式？但是无论如何，乌多的发现都是一个证据，证明了我们的近亲——类人猿——早在几百万年前便已遍布世界。最早走出非洲的是类人猿，而非人类。而且在很长时间里，他们的数量也比后来出现的人类要多得多。

这一点通过现存类人猿种群的 DNA 即可得到证实。借助遗传学分析，我们可以测算出所有现存个体所属的源头物种的种群规模。据此，今天生活在中非的大约 20 万只黑猩猩，其源头的种群数量大约为 5 万只，也就是说，所有黑猩猩的基因库均来自这 5 万个原始个体。对于现存的 36 万只左右的大猩猩，测算得出的初始数量约为 4 万。相比之下，人类的遗传多样性则相对较低：今天生活在地球上的 80 亿人，其原始种群的人数尚不足 1 万，这些个体生活的年代大约在 30 万至 10 万年前。

因此，对于这些数量稀少的人类祖先而言，暂时留在家乡的确是个明智的选择，因为在外面难免会与类人猿家族的一些危险成员不期而遇，比如巨猿（Gigantopithecus）。巨猿作为红毛猩猩的一个分支，30 万年前生活在东亚，身高可达 3.5 米。不过，巨猿很可能确曾与直立人相遇过，比如说 100 万年前生活在同一地域的北京人和爪哇人。类人猿的数量很可能直到 1 万年前仍然多于现代人。

地中海消失的年代

500 万年前，地球气候经历了一次大的变化。这场变化虽未彻底颠覆物种之间的力量格局，却为直立人在非洲的出现创造了理想条件。上新世取代了中新世，非洲与欧亚大陆的自然形貌也因此发生了改变，而这种改变对古猿的生存十分不利。从此时起，地球气候开始向 300 万年后开启的冰河期一步步迈进。

在中新世末期，南极已经变成了一片冰原。进入上新世后，北极部分地区也开始冻结。因此，更多的水被凝结在两极，全球气候变得日益干燥，这甚至导致地中海在中新世向上新世的过渡期出现干涸。在这次麦西尼亚盐度危机（Messinische Salinitätskrise）期间，由于极地冰化过程中海平面的下降以及大陆板块的移动，地中海失去了与大西洋的连接。随着海水的蒸发，水面不断下降，直至干涸，就像今天的死海一样。当欧洲和非洲之间的陆桥在 500 万年前略微下沉时，水才再次从大西洋流向这片巨大的草原谷地。在不断增加的流动压力下，直布罗陀海峡最终形成了，海水在很短时间内经过直布罗陀海峡填满了地中海。从那时起，地中海成为横亘于北非和欧洲之间、人类长期无法逾

直立行走让我们的祖先得以掌握更有效的狩猎技能，由此获得的肉食则为人类最重要、同时也是耗能最大的器官——大脑——的能量供给提供了保障

越的一道天然屏障。

　　适宜猿类生存的原始森林不仅在欧亚大陆日趋缩小，在非洲也不例外。最初是在非洲大陆北部，随着气候变冷，原始森林被不断扩张的草原所挤压。到上新世末期，撒哈拉以南的部分地区也被草原所覆盖。此后，对于类人猿物种来说，直立行走成为通往新世界的"入场券"。这场进化上的革命，把人类从此变成了猎人。除人类之外，再没有任何一种哺乳动物能够一口气连续奔跑

如此长的距离。借助于高高昂起的头，人类能够在草原上提早发现猎物，然后不停追赶，直到猎物精疲力竭，再用简陋的武器将其击倒，开膛破肚。正是这些新的蛋白质来源为大脑的充分发育创造了条件，虽然大脑平均只占人类体重的大约2%，但消耗的能量却高达25%。凭借这个器官，人类得以在草原上存活。发达的大脑让人类开发出新的狩猎方式和更好的武器，并获得了在草原上获取植物养分的能力，无论是敲开坚果和果壳，还是挖出块茎和根茎。

直立行走并不是在草原上习得，而是源自丛林中一次次战战兢兢的尝试，一个字面意义上的逐步摸索的过程。个别猿类物种虽然有了直立行走的能力，但通常仍然是用四肢走路，遇到危险时还会像猴子一样敏捷地爬到树上。在通往今天的黑猩猩和人类的两支进化线发生分离之后，两个物种在很长时间里并没有分道扬镳。在长达近150万年的时间里，这两种类人猿不断进行着基因交流，直至最后在生物学上不再可能。这一点反映在了今天黑猩猩的DNA上。

关于非洲类人猿直立行走的最早、但并不明确的证据来自750万年前。在今天的乍得湖地区，当时生活着乍得沙赫人（Sahelanthropus tschadensis）。这是研究人员为那块被归入人类演化脉络的最古老化石所起的名字。然而由于化石年代久远，保存状态不佳，这自然给不同的解释留下了空间。440万年之前生活在今天埃塞俄比亚的地猿（Ardipithecus），虽然在外形上更接近猿类，但极有可能是人类的祖先之一：地猿行走的姿态略显佝偻，而非完全直立，但已是用双腿行走；其手脚的形状显示，他们依然是灵巧的攀爬者。因此，地猿还不能称作真正意义上的人类。作为猿猴和人类之间过渡形态的最著名的人类祖先——露西（Lucy）——也是如此。她生活在 310 万年前的埃塞俄比亚，属于南方古猿（Australopithecinen）。和露西同类的，还有同样也是在埃塞俄比亚出土的迪基卡女孩（Dikika），一只年龄大约三岁的阿法南方古猿（Australopithecus afarensis）。

南方古猿存在于地球的时间极其漫长，足足超过 200 万年。他们是第一批人类的鼻祖，但也是在进化上走入死胡同的一支。180 万年前出现在撒哈拉以南地区的罗百氏傍人（Paranthropus robustus）也被称作"粗壮傍人"，他们有着与名字相符的粗壮身体，以及可以碾碎各种坚果和植物的巨大牙齿。与露西所属的一支不同的是，罗百氏傍人不是杂食者而是食草者，因此在进化的道路上遭到淘汰，最终于大约 150 万年前彻底灭绝。

同样从南方古猿分离出来的人属（Homo）则不然。人属大约出现在 250 万年前，众所周知，我们今天的人类便属于这一支。至于生活在 250 万年至 190 万年前的鲁道夫人（Homo rudolfensis），或是据推测生活在 210 万至 150 万年前的能人（Homo habilis），是否是直立人的祖先，目前虽然尚无定论，但对大局影响甚微。这两种智人都掌握了露西所属种群用敲碎的石块作为工具的技术，并对其进行了改进。而且他们的大脑容量开始增大，达到 600 至 750 毫升，比南方古猿的大脑大出了三分之一。

由于我们只有能人和鲁道夫人的骨头化石，而没有他们的

非洲是人类的摇篮。在智人之前，无数史前人类活跃在这片大陆上，但只有少数留下了痕迹。目前已知的有地猿、南方古猿、能人和直立人（右上至左下）等

DNA，所以无法得知这两个种群是否曾有过基因混合。但是，近年来所有关于史前人类和猿类家族基因杂交可能性的考古学发现却都指向了这一方向，特别是当我们考虑到一点：鲁道夫人和能人在非洲东部的栖息地很可能发生过重叠。

最重要的熔炉

大约 200 万年前，直立人最终出现。这一进化上的飞跃将人类第一次带到了欧亚大陆。与那些还不能长时间站立的祖先不同，直立人可以凭借双腿抵达以往遥不可及的地方。虽然我们迄今无法确定，直立人是否已是成功的猎人，但可以肯定，在这些原始人的日常食谱上，肉食或腐肉已经占了很大的比例。不过，直立人为适应连续奔跑而实现的身体进化——没有哪种行走姿势比两条腿行走更节省体力——使人有充分的理由相信：直立人很可能都是完美的追猎手。

无论过去还是今天，直立人都称得上是最成功的人类物种：直立人在地球上存在了大约 150 万年，远远超过了此前的所有现代人。在 150 万年的时间里，直立人属下无数分支的大脑容量增长到了 1000 毫升——今天人类的脑容量平均约为 1200 毫升，而尼安德特人甚至达到了 1500 毫升。

直立人显然没有耽搁多久，便将自己出色的智力和耐力投入了应用。早在 180 万年前，直立人已经出现在高加索地区。1991 年德马尼西高原（Dmanissi-Plateau）的考古发现证明了这一点，该发现是迄今人类在非洲以外生存的最古老证据。目前，世界各地已经出土了数百块直立人的化石，甚至连冰河时期也没能阻止这一史前人类向北挺进。尽管如此，直立人这颗璀璨之星最终也难逃陨落的命运，虽然是在经过了漫长的时间之后。在欧亚大陆成功立足的，最初只有尼安德特人和丹尼索瓦人。与现代人一样，他们也是从非洲直立人的一支中分离出来的。

这一时期的欧洲和亚洲，现代人——"拥有理智和理解力"的智人（Homo sapiens）——还没有任何踪迹可寻。智人究竟起源于非洲何地？到底是哪一支遗传世系造就了最后遍及世界的人类文化？几十年来，科学家一直在埋首研究这一问题，却始终一无所获。因为人们很难想象，是某一个基因上的突变让现代人拥有了征服者的基因，或是某一次文明大爆炸让直立人在一夜之间变为智人；人们同样无法想象，在非洲某个山谷生活着一个神秘的种群，后来从他们当中进化出了现代人。可能性更大的情况是：非洲是人类进化史上第一个、同时也是最重要的基因熔炉。在这个熔炉中，各种不同的基因血统彼此融合，由此塑造出我们的祖先。如今，这种"泛非洲进化论"观点在人类学领域已渐渐成为主流。在近年来的发现中，有可能为这个熔炉贡献过 DNA 的"候选者"名单越来越长，其中包括希腊的阿皮迪玛 1 号以及 18 万年前栖息在以色列米斯里亚洞穴中的现代人祖先——他们都曾生活在那个泛非洲基因大融合的时期。

迄今已知最古老的现代人化石来自非洲，那是在摩洛哥杰贝尔伊鲁德（Djebel Irhoud）考古遗址发现的一块头骨。2019 年，莱比锡进化人类学研究所的一个团队通过基因组测序判定这块头骨是来自 30 万年前，并利用计算机技术进行基因重组，认定其为早期智人之一。在此之前，学界一直认为智人最早起源于 20 万年前的非洲。

另外，在南非的一个山洞里，考古学家还发现了生活在 25 万年前的纳莱迪人（Homo naledi）。这是一个让所有参与者为之震惊的发现。此后，当地又陆续出土了大量纳莱迪人的化石。由于纳莱迪人化石的形态看似十分古老，因此人类学家最初猜测，它们应当是 200 万年前史前人类的遗骨。这处遗迹的位置有些令人费解：化石出土的地点是一个山洞，而山洞入口似乎从一开始就被一块巨石挡住，只有凭借灵巧的攀爬技术才能够进入。单凭这一点，并不能否定纳莱迪属于早期史前人类的可能性。但另一个事实却不然：洞中有一个用骨头叠摞起来、高达一米的骨堆，而这些骨头所属的个体应是被拖着越过巨石，带入洞穴的。所有这些迹象都指向一点：这里很可能曾是一处墓穴。2017 年 5 月，基因组测定的结果给出了最后结论：这些年代久远、体型矮小、显然已学会墓葬术的纳莱迪人，并非来自几百万年前，其存在的时间距今最多不超过 33.5 万年。也就是说，这一古人类种群也有可能在我们的祖先身上留下了自己的基因。

罗德西亚人（Homo rhodesiensis）的情况也与此类似。[13] 大约 100 年前在今天赞比亚发现的一块被命名为卡布韦 1 号（Kabwe 1）的头骨，即属于这一史前人类。研究者最初猜测，这块化石大约来自 250 万年前。然而在 2020 年之后，由于有了新的年代测定技术，我们得知罗德西亚人和纳莱迪人一样，也是生活在大约 30 万年前。考古学家于 1936 年在南非弗洛勒斯巴德（Florisbad）发现的一块头骨化石，其所属的另一支原始人群也来自同一年代。这块头骨很可能也是早期现代人的一个证据，而且也与直立人和罗德西亚人有一些共同之处。

纳莱迪人的相貌复原图。这些身材矮小的早期古人类同样也是生活在非洲南部，很可能在洞穴攀爬方面十分擅长

　　所有这一切都指向同一个方向：人类非洲祖先的基因库是在长达数十万年的时间里逐渐形成的。在这一时期，非洲大陆的环境呈现出高度的遗传多样性。同时，由于气候变化的因素，非洲地貌在这一时期很可能也在不断变化，阻断种群杂交的自然屏障也随之改变，时而减小，时而增大，时而移动，甚至完全消失。例如，日趋干燥的气候使得大片雨林被草原所代替，成为人类交流的新走廊。此外，纵贯大陆东部、一直延伸到今天以色列的非洲大裂谷，自始至终都是一个至少可以部分通行的天然通道。因此，在人类祖先诞生之前，到底有哪些古人类物种彼此发生过杂交，

我们只能根据现有考古发现来猜测，而这些发现对于整个史前人类谱系而言，想必不过是冰山一角。

但是，走到人类祖先诞生这一步，还需要经过数万年时间。在学会直立行走，并且掌握了智人的认知能力之后，现代人在非洲建立起繁荣的狩猎与采集文化，并将目光投向了地平线以外。那是一片孕育着希望的土地，生活在那里的原住民从未想过要轻易放弃它。

第四章 末日预言

七万四千年前，一场火山爆发让人类的蔓延暂时停止。

在非洲，俨然已山穷水尽。

面对为数不多的机会，我们的祖先及时出手，依靠仅有的一次成功，迎来了柳暗花明。

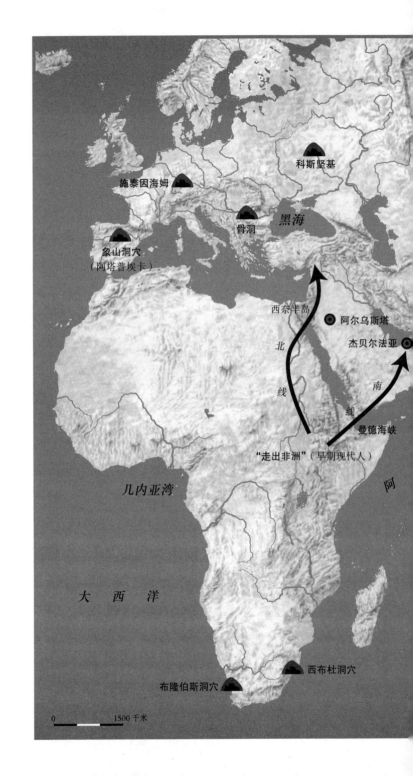

科斯坚基

施泰因海姆

象山洞穴
（阿塔普埃卡）

骨洞

黑海

西奈半岛

北

线

阿尔乌斯塔

杰贝尔法亚

南

线

曼德海峡

“走出非洲”（早期现代人）

几内亚湾

阿

大 西 洋

西布杜洞穴

布隆伯斯洞穴

0   1500 千米

鄂霍次克海

乌斯季伊希姆

丹尼索瓦洞穴

田园洞人

白石崖溶洞

道县福岩洞

太 平 洋

孟加拉湾

海

多巴超级火山

昂栋和桑义兰遗址

梁布亚洞穴

印 度 洋

| 1 000 000 | 750 000 | 500 000 | 250 000 | 100 000 | 50 000 |

施泰因海姆 / 尼安德特人

梁布亚洞穴，弗洛勒斯人

象山洞穴（最古老
的欧洲人）/ 前人

白石崖 / 最古老的丹尼索瓦人

布隆伯斯和西布杜洞穴
典型样本

杰贝尔法亚（现代人的工具）

多巴火山大爆发

义兰直立人

昂栋人（最年轻的直立人）

阿尔乌斯塔，智人

道县福岩洞，智人

向西班牙出发

早期人类对远行有着不可估量的热情，无论直立人还是智人皆不例外。但凡可能，总有一些群体在尝试向北方迁移。这并非出于迫不得已，因为广袤的非洲大陆可以提供足够的空间和猎物，供人类繁衍生息。尽管非洲的面积仅略大于半个欧亚大陆，但是在冰河时期的北半球，对于已经适应了南方气候和动植物环境的古人类来说，只有极少数地区适宜居住，例如在近东、印度次大陆和东南亚。从这一点来看，180 万年前生活在高加索地区、目前已知最古老的非洲以外的直立人，竟能在这样的北方腹地落脚，实乃超乎想象。据推测，他们很可能是利用了冰河期当中一个短暂的相对温暖的窗口期。印度洋沿线的南部走廊，则很有可能是几千年中直立人频繁穿梭的要道；这里不断有新的骨骼化石被发现，它们证明人类的先祖很早便将种子播撒到了东南亚。

这些早期人类的活动地域，从欧亚大陆西部一直延伸到大陆的最东端：最迟在 120 万年前，直立人就已踏上了伊比利亚半岛，其最初的迁徙路线显然不是穿越直布罗陀海峡，而是经过近东、沿地中海北岸来到这一地区。至少在 150 万年前，直立人便已抵达亚洲最远的极限之地——今天印度尼西亚的爪哇岛。由于当时海平面较低，爪哇岛仍然与大陆相连。爪哇人的生存年代目前尚无定论，我们不能排除，他们有可能在走出非洲后不久便抵达了这里。直立人在欧亚大陆到底生存了多久，虽然也是未知数，但很可能直到 10 万年之前，他们仍然还在这里活动。从时间来看，他们与我们的祖先多半不曾有过交集。

考古发现的年代越久远，我们在得出结论时就越要谨慎。那些有着数十万年历史、大多都是些零星碎片的骨头，往往很难辨别哪个属于直立人，哪个属于智人。百科全书中有关考古遗迹的许多条目内容，无论对年代还是种群归属问题，语气往往比实际数据更加确定。对现代人的基本描述是：拥有和直立人一样的直立行走能力，其向智人的过渡主要是以头骨形状的变化作为外在表现，例如额头和头部形状变高，眉骨变得相对平坦。

每一个进过游泳池的人都可以证明，仅仅就智人特征而言，它们在我们身体上的表现就有多么千差万别。由此可以想见，考古学家要想用这些来自远古的骨骼碎片复原出整个身体，然后对其进行归类，自然更是难上加难。况且在很多时候，我们所发现的很可能是某些种群的分支，他们在外形上虽然反映出某些远古的特征，却已掌握了现代的文化技能，就像非洲南部的纳莱迪人那样。简言之，一些被归类为直立人的晚期发现，其实也有可能属于现代人。而且"sapiens"（智慧）这一概念所表示的人类物种，并非仅从头骨的大小就可以明确判断。从另一方面讲，考古发掘出的古人类化石到底是属于直立人还是早期尼安德特人，往往也是一个难题，在欧洲尤甚。例如，在今天德国巴符州穆尔河畔的施泰因海姆（Steinheim an der Murr）小城出土的一个来自30万年前、大约25岁的古人类女性化石，就属于这个界限模糊的范畴。

七万年前的一场灭顶之灾

但有一点俨然属于常态：只要有机会且体格条件允许，所有人类物种都会朝着欧亚大陆的方向迈进。包括现代人，他们也一样勇敢地迈出了这一步，而且在时间上比后来成为我们祖先的那群人要早得多。如今，考古学家已经发现40余处相关遗迹，每一处都或多或少为我们提示了这一点。根据这些发现，第一批智人早在十几万年前便已抵达今天中国、越南和印度尼西亚所在的区域。来自这一时期的最古老发现是在中国，其中多数为牙齿化石，这些牙齿的主人被认定为现代人。从年代来看，这些发现与以色列的几处古人类遗迹颇为吻合。正如上文所述，在当地的斯胡尔和卡夫泽洞穴中，人们发现了距今约12万年的现代人遗骨。除此之外，这一时期的气候环境也为此提供了印证：当时地球处在格外漫长的埃姆温暖期，其中某些阶段甚至十分炎热。此时欧亚大陆南部的条件，对来自非洲的古人类来说可谓千载难逢。

更早之前的情况则与此不同。大约20万年前，希腊南部和以色列米斯里亚洞穴中已经有现代人生活，然而在中国和东南亚地区迄今却没有任何类似发现。据研究者推测，当时地球仍然处于冰期，虽然略有升高的气温使得小幅北进成为可能，但尚不足以让人类完成向东方的大规模扩张。

在进入埃姆温暖期之前，不堪忍受的严寒很可能将欧亚大陆变成了一片荒野，只有丹尼索瓦人和尼安德特人能够在此生存。这两个古人类物种是否与直立人有过交集，我们不得而知。但是可以肯定，早在第一批尼安德特人出现在欧洲时，当地便已有直立人生活，两者之间很可能发生过争斗或交配。然而由于我们迄今没有直立人的DNA，所以无法为此找到证据。丹尼索瓦人也是一样。而且关于后者，我们还遇到另一个问题：我们甚至不知道他们大约从何时起在亚洲生活，其间是否与直立人有过交集。

不过可以肯定，对智人来说，他们在今天的中国和东南亚最初所经历的并不是一段成功的历史。因为在大约7万年前，现代人的遗迹在这里戛然消失，而在此之前，他们显然一直处于扩张之中。这群人仿佛在一夜间临时决定离开远东，直到很久之后，他们的踪迹才重新在这里出现。

智人再次出现在该地区的最早证据之一，是大约4万年前生活在今天北京城郊的田园洞人。目前已经确知，田园洞人属于现代人，而更重要的发现是，他们是人类的祖先之一。2013年，莱比锡进化人类学研究所的一支团队成功从田园洞人的股骨和胫骨中提取出 DNA。DNA 测定结果显示，田园洞人与今天的东亚人以及美洲原住民之间存在血缘关系；后者的祖先是在冰河时期越过当时处于干涸状态的白令海峡，踏上美洲大陆的。田园洞人的发现再次证明，人类祖先探索世界的速度是何等迅猛，但同时也加深了我们的疑惑：为什么在距今 7 万至 4.5 万年的时间里，东亚地区似乎从未出现过现代人？对答案的探寻将我们的目光引向了印度尼西亚，引向了发生在当时的一次全球性气温下降。这次降温虽与冰河期无关，却让冰河期的恶劣气候急剧加重，特别是在东亚。诸多迹象显示，正是这场目前所知发生在过去 10 万年中的最严重的自然灾害，让现代人类的第一批先驱成为牺牲品。

爆炸性大融合

在一百多年来的考古学研究中，人们竟然没有发现一处来自这一长达 2.5 万年的时间段的现代人遗迹，而且也找不出任何特殊的原因。目前我们基本可以排除，这个漫长的空白期是无数考古发掘的运气欠佳所致。同样可以排除的还有另一种解释：当年生活在亚洲的现代人只是忽然间心血来潮，决定远走他乡。不，当时一定是发生了什么事情，一些无法预料的、可怕的事情。每当考古学遭遇黑洞时，致命性瘟疫总是会成为一种可能的解释，但这样的瘟疫大流行必然是通过狩猎者和采集者进行传播，可是这些人群当时分散在亚洲各地，他们之间最多只有偶然和零星的接触。另外还有一种解释虽不能完全排除，但可能性微乎其微，即与丹尼索瓦人的对抗导致了现代人的灭绝。因为在后来的历史发展中，没有任何迹象表明丹尼索瓦人曾经拥有如此压倒性的优势。以上解释显然都说不通。关于大约 7 万年前现代人在亚洲的突然绝迹，几乎所有线索都指向了另一个原因：苏门答腊多巴（Toba）火山的爆发。

在冰河时期，苏门答腊还不是一个岛，而是像爪哇和婆罗洲一样，属于巽他古陆（Sundaland），与亚洲大陆相连。多巴山位于同名的湖泊中，湖泊本身也被群山环绕，景色如画。多巴山只有 900 米高，今天的人如果不了解它的过去，望见它时一定不会感到害怕。大约 7.4 万年前，大约三分之二的山体飞上了天空，于是才形成了火山口，还有这片美丽静谧、宽达 90 公里的湖泊。根据地质学家计算，火山喷发后形成的 50 公里高的云层含有 2800 立方公里的火山灰，笼罩亚洲大部分地区的天空长达数年。这是过去两百万年地球上规模最大的一次火山爆发。作为对比：2010 年冰岛艾雅法拉火山（Eyjafjallajökull）喷发，导致欧洲航空长达数周处于瘫痪状态，火山爆发释放出的火山灰量约为 0.14 立方公里。由此可以想象，7.4 万年前生活在多巴山地区的居民，很可能瞬间被从天而降的火山灰和熔岩雨吞没，或因缺氧窒息而死。这场灾难造成的影响，也远比冰岛火山爆发更持久，或许长达数十年，因为根据模型计算，这是火山爆发后的冷却期所持续的时间。在最初几年里，全球气温下降幅度或可达到 17°C。受冲击最严重的，当然是距离这场末日浩劫的源头最近的那些地区。

随着植被的消失，动物也陆续绝迹，这使得狩猎和采集者的生存基础从此不复存在。但是，根据 2021 年美国宇航局参与完成的气候模拟试验所得出的结果，这一切很可能只是开始。计算数据显示，多巴火山喷发很可能使全球的臭氧量减少了一半，并在热带地区上空形成一个巨大的臭氧层空洞，情况与一场核战争的后果相当。这片土地曾经是世界上最适宜生存的地区，然而生活在这里的古人类，却可能因为紫外线辐射的增加而视力受损，皮肤灼伤。皮肤癌以及由紫外线造成的基因伤害，导致人口数量在短短几年内急剧减少。此外还有紫外线对植物和动物 DNA 的破坏。乌云蔽日的天空挡不住紫外线辐射，却挡住了阳光，从而导致食物数量日益匮乏。对于当时居住在中国东部和东南部的人群来说，他们所经历的这一切如同世界末日。无论是他们自己，还是其携带的基因，最终都被掩埋在世界历史的尘埃之中。

在争夺亚洲统治权的角逐中，丹尼索瓦人有可能取得了暂时性胜利。他们肯定也感受到了气温的下降，但对气候的适应力显然更强。我们目前仅有的两块带有丹尼索瓦人 DNA 的骨化石，是在今天西藏和同样属于高寒地区的阿尔泰山区发现的。这个丹尼索瓦女孩生活在阿尔泰山区的时间，刚好是大约 7 万年前。她的祖先、也许是后代之所以能够在这次亚洲物种大灭绝中幸存，是因为他们居住的地方离多巴火山有 6000 公里，从距离来看足够安全。尽管如此，丹尼索瓦人也未能完全幸免于难，他们当中的一部分人很可能在此前已在东南亚地区定居，其北方同胞的好运气对他们来说自然无济于事。就丹尼索瓦人整个种群而言，在高纬度寒冷地带的强大生存能力，或许是其在进化上优于亚洲现代人的决定性优势。但是，这只是暂时的。

大概在同一时期，在多巴山附近，即今天印尼佛洛勒斯（Flores）岛上，生活着另一个人属亚种——佛洛勒斯人（Homo floresiensis）。在谈到佛洛勒斯人时，我们再次遇到了年代测定的老问题：佛洛勒斯人因身材矮小，而常常被称作"霍比特人"。根据对目前发现的为数不多的骨化石的年代测定，这群"霍比特人"生活在该地区的时间大约是6万年前。这有可能意味着，佛洛勒斯人以顽强的生命力抵抗住了火山大爆发这一末日灾难。或者更有可能的情况是，年代测定只是一个大致的范围。2004年刚刚发现佛洛勒斯人时，科学家对其年代的推测还是1.8万年，后来随着技术进步，又对这个数字做出了大幅修正。由于多巴山灾难的时间也只是一个大致推算，所以，我们虽然无法证明"霍比特人"的灭绝与火山爆发之间存在着直接关联，但也不能排除这种可能性。无论如何，关于这些在人类祖先出现之前便因为这样或那样的原因从地球上消失的神秘的佛洛勒斯人，都值得我们在后面再做进一步分析。

对于生活在今天的人来说，多巴山灾难是超乎想象的，但其程度也不应被过度高估。当时生活在东亚的大多数种群的灭绝以及全球气候的变冷，都是合乎逻辑的推测，但是对于非洲的居民来说，其影响很可能是有限的，类似规模的种群灭绝在这里多半并未发生。但是，欧洲南部的情况则不同：7万年前，南欧地区的温和气候尚足以养活这些来自非洲的移民，但只要温度稍有下降，对他们而言都有可能意味着一场灭顶之灾。尼安德特人则不然，他们对低温气候早已具备强大的适应能力。

不过，30多年前提出的颇具争议的多巴巨灾理论却认为，多巴火山爆发是一场全球性灾难，它将整个人类推向了灭绝的边缘。该理论的支持者主要以遗传瓶颈作为论据，并断定只有在非洲的人类祖先成功通过了这一瓶颈。他们以火山爆发的直接和间接后果所造成的种群大灭绝，论证了一个事实：当今所有人类都起源于一个规模很小的非洲人种群。然而，这派观点有可能是一种循环论证，既无法证实，也难以证伪。

因为毫无疑问，在今天非洲以外人类的基因库中，确实存在上述瓶颈，但它只能证明这些人从起源上可以追溯至一个人数很少的原始种群。遗传瓶颈阶段虽然始于火山爆发之后，却未必是由火山爆发所导致。此外，我们在今天非洲人的基因中并没有看到任何瓶颈效应，但在不同的哺乳动物种群，例如在东亚的鼠类基因中，却发现了这一点。这两项研究结果都表明，火山爆发导致了整个亚洲古人类的绝迹，但并未引发全球性大灭绝。因此，多巴山灾难虽然有可能是现代人向欧亚大陆东部的第一波移民潮的暂时终结，但绝非是现代人将所有其他人类种群排挤出局的开端。

北非，死亡之谷

多巴山大灾难发生的年代，对考古学家来说是一个谜。这个年代的跨度长达近2万年，我们至今仍然无法说清，在这期间究竟发生了什么，以及更重要的是，这些事情到底发生在何处。这个谜团的起点和终点，当然都可以通过基因分析来确定。由此，我们一方面得知，非洲人和非洲以外人类的共同祖先大约是在7万年前分道扬镳，地点显然是在非洲，有可能是在非洲东部或东南部某地；另一方面，我们通过研究获悉，非洲以外人群的最后一批共同祖先大约生活在5万年前。然而，在这两个节点之间的这段时间里，从非洲走出的现代人祖先到底生活在哪个地域，我们却完全不得而知。鉴于他们在此期间曾与尼安德特人发生杂交，以致今天所有非洲以外人类的身上都携带着尼安德特人的基因，我们不妨推测，这个区域是在尼安德特人栖息地南部的某个地方，具体地讲，是在与这一时期现代人有关的考古遗迹所在的诸多区域当中的某一处。

这是一块广袤辽阔的地域，从埃及一直延伸到印度次大陆的西部。我们只需看一眼世界地图，就会得出一个大致相同的结论：假如一个来自非洲的种群在大约7万年前向北迁移，那么很可能是通过今天的埃及和西奈半岛，在当时，这也是连接非洲和欧亚大陆的唯一陆地通道。由于尼安德特人生活在以色列，所以两个种群的杂交有可能发生在近东，也就是非洲史前人类此前经过"北线"抵达的地区。

这一理论与地图带给人的印象几乎完全吻合，而且也确实不乏合理性。然而最新气候模型所得出的结论，却与此大相径庭：根据模型计算的数据，在过去13万年里，这条北方线路对人类来说几乎从始至终都无法穿越，每一个敢于做出这种尝试的人都会葬身于沙漠的风沙之中。按照最新计算的结果，另一条路线似乎更具可能性，这便是海路。我们的祖先选择的很可能是"南线"，也就是位于东非和阿拉伯半岛之间、连接红海和印度洋的曼德海峡（Bab al-Mandab）。虽然跨越这个海峡只有为数不多的窗口期，但这些时间窗口恰好与现代人向欧亚大陆迁徙的遗传学数据相吻合。这也让我们再次看到，人类扩张史与气候，尤其是与气候的变化期是多么密不可分。

2020年，英国剑桥大学的一个团队发表了一项涉猎广泛的研究报告，并在报告中还原了过去30万年东非和北非的年降水量数据。与科学研究中的许多项目一样，这项成果只有依靠计算机强大的计算能力才能实现。在模型中，人们汇集了所有可以推算出以往气候及降雨量的已知因素，无论是格陵兰岛的冰芯钻探，还是史前时代世界各地的水位，以及水体的沉积物水平等。

利用这些代用资料（Proxydaten），人们可以为整个地球建构一个气候模型，或者是以冰河时期的非洲为对象。为了说明人类在某个时期有可能生活在哪些地区，这份研究报告特意设定了一个生存所必需的最低降水量数值，即年均90毫米。在欧亚大陆的某些地区，有时候这也许只是一天的雨量。即使在美国的死亡谷，平均降雨量也超过这个数值，在当地，全凭内华达山脉融化的雪水，才有少数生物可以存活下来。

种群规模过小是进化的障碍

计算结果显示，上埃及地区的年均降水量在过去 30 万年的大部分时间里明显不足 90 毫米。即使是发源于非洲中部、哺育了后来埃及文明的尼罗河，在当时也很难成为早期人类向北迁徙的走廊。因为无论过去还是现在，与北部三角洲和下游地区相比，尼罗河、特别是位于今天埃塞俄比亚的尼罗河上游，都是一道难以逾越的天堑，流经峡谷时的水深，有时甚至达到 1500 米。在邻近的撒哈拉沙漠地区，人们虽然可以走近河岸，但是这里没有狩猎采集者可以获得足够食物的肥沃谷地。现代人在非洲完成进化的整个过程里，尼罗河为人类迁徙所提供的条件，几乎一直都很恶劣。只有一个例外：大约 13 万年前，非洲北部的气候在进入埃姆温暖期后变得十分湿润，整个撒哈拉也因此变成了绿洲。

根据这一气候模型，所有非洲以外人类的祖先不可能经由北线完成大迁徙。非洲大陆与其他地区仿佛是彼此隔绝的两个世界：14 公里宽的直布罗陀海峡对史前人类来说，是一条湍急汹涌的水道，迄今没有任何考古学或遗传学发现能够证明，史前时代曾有某个种群从非洲通过伊比利亚半岛，成功踏上欧亚大陆。但是，人们只要看一眼地图，就会立刻把另一条海峡也排除在外。

位于今天也门和吉布提之间的曼德海峡，海流比直布罗陀海峡更加汹涌，而且海峡最窄处也有 27 公里，是直布罗陀海峡的两倍，与德国和丹麦之间、人类于 1939 年首次横渡的费马恩海峡（Fehmarnbelt）大体相当。按道理讲，所有这一切都意味着，在 7 万年以前，不可能有大批史前人类经过这条南线从非洲抵达阿拉伯半岛。[14] 按道理讲，应当如此。

按照最新气候模型，在冰河期格外寒冷的阶段，海平面降低使得曼德海峡不断变窄，有时甚至只有 5 公里宽。这个距离对史前人类来说完全可以通过，何况随着水量的减少，水流的速度也会明显减弱。但是，仅凭这一点还无法构成人类从非洲越过海峡到达阿拉伯的前提，在海峡两岸还必须具备孕育生命所必需的气候条件。气候模型显示，人类越过曼德海峡的所有前提——生活在非洲之角的古人类种群、足够狭窄的海峡宽度以及阿拉伯半岛北部的绿色植被——"万事俱备"的情况极为罕见，但确实出现过，第一次是在 25 万年前，第二次是 13 万年前，最后一次是 6.5 万年前。在最后一个时期，曼德海峡可以通过的时间格外长，至少要比此前几次海平面下降的时间要长得多，这一点对后来发生的事情尤其重要。

上述气候模型与迄今出土的有关现代人首次向欧洲和亚洲挺进的考古学证据几乎完美吻合。22 万年前生活在希腊南部阿皮迪玛洞穴中的人群，其祖先有可能是在 25 万年前乘坐木筏或捆绑起来的树干，漂洋过海到达了阿拉伯半岛；18 万年前在以色列米斯里亚洞穴中生活的古人类的祖先，大概也属于同样情况。然而对于 12 万年前以色列北部斯胡尔和卡夫泽洞穴的居民来说,其迁徙路线既有可能是南线,也有可能是北线,因为北线在那个时期是可以通行的。与此相反,非洲以外所有人的共同祖先在 6.5 万年前开始向欧亚大陆迁移时,则必须再次经由水路。

可是,为什么我们的祖先至少要经过三次尝试,才得以离开非洲,在全球扎根繁衍?从第一批现代人踏上希腊伯罗奔尼撒半岛到多巴火山喷发,中间的间隔长达近 14 万年,因此,他们理应有充裕的时间在欧亚大陆立足。人类在扩张之路上屡遭坎坷,似乎很难单纯归咎于火山喷发这场天灾,这中间想必另有原因:海平面的不断上升,让阿拉伯半岛的这些外来移民陷入与世隔绝的状态,他们与原始种群之间的联系就此被切断。基因交流的缺失,很可能是现代人第一轮扩张失败的关键原因。作为孤单的一群,他们只能听由命运的摆布。这与他们在非洲的兄弟姐妹们截然不同,后者在这一时期无论在文化还是技术上,都在不断取得新的突破。

需要提醒的一点是:不仅是今天的欧亚人,包括所有非洲人在内,其祖先的起源都可以追溯到大约 30 万年前开始在非洲基因熔炉中逐渐"锻造"成型的古人类群体。智人在这里诞生,并由此衍生出现代人的复杂文化。后来,这种文化又被传播到四面八方,其中包括与北方相邻的另一块大陆。例如,考古学家在南非的洞穴中发现了 10 万年前人类使用赭石的证据。赭石被刻上了几何形状的花纹,同时还有可能被人涂在脸上作为装饰。大约 7 万年前,也是在南非,西布杜洞穴人显然已经懂得用树叶铺成床褥,用于

迄今发现的人类最古老的化妆品，是在南非布隆伯斯洞穴出土的。史前人类在石碗中将赭石碾成粉末，然后涂抹在身上。颜料土块也被用来制作几何形状的雕刻

桑人，即今天仍生活在南非的原住民的祖先，其早期岩画也证明了现代人很早就有了对艺术的感知。现代人最早的创作很可能始于非洲

铺垫的植物被定期焚烧，以免因虫咬干扰睡眠。在洞穴中，人们还发现了大约6.5万年前的人类历史上最古老的弓箭，以及出自同一年代的小型石制刀具。这些由人类祖先加工打磨出的石器，比迄今发现的尼安德特人制作的石器要精致得多。很显然，尼安德特人所缺少的并非是必要的材料，而是技术。

这一切绝非出自偶然，而想必与人类非洲祖先中的劳动力过剩有着密切关系。因为无论是新的技术还是工艺的开发，都要依赖一定的人口规模。只有在拥有足够多人手的情况下，人们才能够在完成狩猎和采集的同时，让一些有才能和天赋的个体享有充裕的闲暇时间，并允许他们分享狩猎和采集所得，虽然他们所从事的主要活动并不直接服务于满足生存所需。

非洲的富饶为此创造了条件。当然，在这些狩猎和采集者当中，尚未出现人口的爆炸式增长。人口的迅猛增长发生在农业兴起之后，这中间还要经历数万年的时间。然而，不断进步的狩猎技术增加了食物的供应，人口数量也随之增长。对人类来说，开辟新的猎场和栖息地也因此具备了前提和必要性。至于说这一切仅是为了追逐猎物，还是人类的探索欲在当时已经开始起作用，我们则不得而知。但不论目的如何，他们已经上路。

桥塌路断

无论20多万年前第一批智人是抱着什么目的开始向希腊迈

进，无法改变的一点是：这次通往未知之旅绝非吉星高照。因为此后不久，阿拉伯半岛的降水和气候使得当地的生存环境发生了巨大变化，以至于这些史前人类既无法在那里生存，更无法继续北进。非洲和阿拉伯半岛之间可以通行的几千年窗口期，显然不足以让这群智人繁衍成一支拥有强大战斗力和生命力的种群，以抵抗尼安德特人和北部严寒的威胁。气候变化以及由此导致的阿拉伯地区降水的减少，无论对种群基因还是人类文明而言，都是一场空前灾难。

这群走出非洲的智人与留在家乡的同胞，在文化和技术发展上从此彻底隔绝。同时，极度恶劣的环境，也无法催生出自我创新所必需的剩余劳动力和创造力。因为这个群体的初始规模十分有限，其成员数量或许只有寥寥数百人，在没有新移民加入的情况下，一段时间之后便会自动失去基因"更新"的能力。这一过程对于维系健康种群至关重要，否则那些导致体能低下或其他进化缺陷的基因就无法剔除。

在目前已知的第二波迁徙浪潮中，形势和之前大不一样。发生在大约13万年前的这一波浪潮，不仅将迄今发现的几支现代人种群带到了今天的以色列，而且还有可能一路带到了东南亚。这些人所选择的迁徙路线，有可能是非洲和阿拉伯半岛之间再度变窄的海峡，也有可能是今天的埃及，在当时，埃及或许已经为这些史前人类开启了通往北方的大门。这场经由北线的迁徙之旅，当然不能简单地被想象成一群大胆鲁莽的原始人某一天突发奇想，决定跟随北极星的指引到远方去探索未来。这些人很可能是经过了几代人的时间，在寻找沃土的过程中越走越远，直到有一天到达西奈半岛。与此同时，另一群人很可能越过海峡，抵达了阿拉伯半岛南部。新近的考古发现确认，当时的阿拉伯半岛上已经有人类生存。2018 年，耶拿马普进化人类学研究所的团队在沙特阿拉伯发现了一块约 9 万年前的现代人指骨。

这场大迁徙可以说极其顺利，其先行者的足迹不仅直抵尼安德特人地盘的边缘，甚至一路延伸到亚洲的最远端。在长达几万年的时间里，这些史前人类就像后来人类直系祖先所经历的一样，几乎都是一路坦途，直到多巴火山的喷发将充满希望的未来彻底埋葬。在此后漫长的岁月里，东南亚再未出现过现代人的踪迹。与此同时，人类的祖先在非洲东部再次蓄势待发，并终将在某一天实现最后的突破。

■ 隔绝的代价 ■

对一个种群来说，数量稀少和对外隔绝对种群进化有可能产生怎样的效应，我们不妨用一个虚构岛屿为例来加以说明：假如说一行十人来到一个小岛，其中一人有基因决定的体质羸弱的特点，但出于某种原因，他在求偶方面却表现出强大的优势，那么这个小岛的第二代居民当中，可能有一半人都会带有和上一代一样的体弱缺陷，第三代的比例或许会达到 75%。如果没有拥有相对优质基因的新人加入，这个群体在进化上被淘汰的概率就会大大提高。这种现象在人口遗传学中被称为基因漂移（Drift），其出现通常是基于纯粹的偶然，在遗传瓶颈阶段加剧，然后会连续传承几代。虽然劣质基因并非总占上风，然而缺乏后续优质基因的情况却极有可能发生。

另一种效应使情况变得更加复杂。假如双亲是近亲——在与世隔绝、规模极小的种群中，这种现象难免会更加普遍——其后代身上很大概率会出现对健康不利的基因突变。例如在最后一批尼安德特人和丹尼索瓦人群体中，这一劣势表现得十分明显，当时在这些群体当中，乱伦现象几乎成为常态。然而当最早一批现代人抵达欧洲时，他们在基因上所表现出的特点很可能与此不同：这些现代人在基因上更多是受到北方隔绝生活的不利影响，并因此在进化方面与尼安德特人相比处于劣势。

幽灵DNA

我们无从得知，在多巴火山爆发之后，究竟有多少人生活在近东乃至印度一带。我们甚至不知道，当时该地区是否仍然还有人类生存。无论如何，其遗传痕迹都已消失无踪。当6.5万年前从非洲之角通往阿拉伯半岛的通道再次开启后，人类的直系祖先走出了非洲。也许在路途中，他们还曾遇到过自己的近亲，那些在半岛北部和尼安德特人的较量中败下阵来、被迫隐居的第一代智人移民，但也许后者在此之前早已悉数灭绝。对人类新移民来说，他们的运气显然比他们的祖先要强得多。根据气候模型，曼德海峡直到 3 万年前仍然是敞开的，这些跨海渡洋的新移民有足够的时间，在阿拉伯半岛上繁衍生息，从而发展成为一支基因强大的种群。

即便如此，最初的尝试也并非一帆风顺。目前出土的大量古人类骨骼化石，都证明了这一点。从那位古捷克女子以及有着 4.5 万年历史、在基因进化上走入死胡同的巴柯基罗洞穴人，到 4.4 万年的乌斯季伊希姆人和 4 万年前的欧亚瑟人，无不反映出这一特点。直到 4 万年前的田园洞人和 3.8 万年前的科斯坦基人，才终于形成了一条延续至今的基因线。在他们身后，是一场持续近万年的失败的冲锋，目标是欧亚大陆这个堡垒，特别是被尼安德特人控制的大陆西部。

所有走出非洲的史前人类有一个共同点，即他们的基因当中都有尼安德特人的成分。在今天欧洲人和近东人身上，这一基因成分的比例低于非洲以外其他地区的人，而欧洲和近东恰恰是当时尼安德特人分布最广的地区。其原因很可能在于基底欧亚人（basalen Eurasier）——这是一个无法准确定位的"幽灵种群"，我们虽然对其基因结构有一定的了解，但是，这些都是在对后来的其他古人类种群的基因测序中发现的。截至目前，我们没有发现一块基底欧亚人的骨骼，更没有基底欧亚人的直接 DNA 证据。[15]近年来的许多线索显示，这群人同样是生活在 6.5 万年前的近东地区，而与其他种群不同的是，他们显然没有与尼安德特人发生杂交，至少在已知基底欧亚人的 DNA 成分中，没有发现任何尼安德特人的痕迹。由此可以推测，他们很可能在非洲移民与尼安德特人混血之前，便与前者分道扬镳。[16]

在冰河时期生活在欧亚大陆、澳大利亚和美洲的狩猎采集者的基因组中，也没有基底欧亚人的 DNA；而大约 1.5 万年至 0.8 万年前生活在整个近东和北非的人群，他们的基因组中却携带着基底欧亚人的基因。例如 1.4 万年前生活在今天以色列和约旦、其中一部分后来成为世界上最早农耕者的纳吐夫人（Natufier），[17] 他们身上携带了大约 40% 的基底欧亚人 DNA。在今天伊朗一带，情况也与此相似。当时该地区人类 DNA 中的其他部分，则来自另一个与尼安德特人发生过杂交的种群。简言之，纳吐夫人的祖先必定与基底欧亚人有过混血，甚至比例很大，这一点与后来移居到欧洲和亚洲的其他史前人类截然不同。不过，这只是一种略显含糊的遗传学推测，并且无法推导出明确的结论，但至少可以肯定，这个假设的确不乏合理性。

因为从原则上讲，我们迄今仍然没能弄清，基底欧亚人究竟生活在哪个年代和哪个地方。但是，既然其 DNA 在后来生活在近东的人群中占据如此大的比例，而在其他地区的人群身上却了无痕迹，那么基底欧亚人理应是与前者来自同一地区。根据气候模型以及目前已知的所有遗传数据，我们可以合理地推想出这样一种情形：基底欧亚人是从 6.5 万年前开始、从东非陆续来到阿拉伯半岛的一群人，因此我们也可以称之为"非洲以外人类的基底人"。这一人群后来再次发生分裂，其中人数较多的一部分人去往了北方，并在那里与尼安德特人混血；或者，混血也有可能是发生在整个阿拉伯半岛，但如果是这样的话，说明另外一小部分基底欧亚人此前便离开了这里，搬到了某个没有尼安德特人生活的地方。

无论实际情况如何，在长达数万年的时间里，两个人类种群之间一定存在着一道天然屏障，否则，两者之间会不断发生基因交换，后来也就不会再有"幽灵DNA"存在。这个天然屏障有可能是阿拉伯半岛上的沙漠，它在某个时间从一个绿色走廊变成了无法通行的死亡地带，就像我们在今天沙特阿拉伯所看到的那样。同样可以想象的是，第一批基底欧亚人有可能是越过了伊朗的扎格罗斯山脉（Zāgros-Gebirge），而随着冰河期气候变冷，经扎格罗斯山脉返回的退路被彻底切断。或者，这道屏障也有可能是今天伊朗和阿富汗的卢特沙漠（Lut-Wüste），它最初是一条开放的通道，后来因气候变化而被封锁。

在基底欧亚人与欧亚大陆人的共同祖先相隔绝的时期，欧亚大陆人开始了征服世界的进程。在某个时候，基底欧亚人与其相邻的人类终于发生了交集——很可能是在上述屏障因为植被出现或冰雪融化而被打破之后，时间可能是3万年前，也可能是2万年前。至少可以肯定，大约1.5万年前生活在近东的人群基因中，两种人群的基因所占比例大致相当。由于基底欧亚人身上没有携带任何尼安德特人DNA，因此在近东第一批农耕者纳吐夫人身上，尼安德特人的DNA受到了压制。

8000年前，基底欧亚人的DNA最终来到了欧洲。在这一时期，安纳托利亚的农耕者逐渐挤占了欧洲狩猎采集者的地盘。在这里，遗传基因的变化还导致尼安德特人的基因比例大幅减少，并一直延续到今天。亚洲的情况则截然不同：在安纳托利亚人未曾踏足的亚洲，尼安德特人的基因占比保持着稳定，并因此高于欧洲人。美国和澳大利亚的原住民亦是如此。人类祖先走出非洲不久后所经历的这段分离史，至今仍在人类的基因组中留有烙印。今天的欧洲人平均携有 2% 的尼安德特人基因，而在东亚人、美洲原住民和澳大利亚人身上，这一数值还要高出大约 0.5%。

从梦想到幻觉

现代人在非洲进化成为智人并在阿拉伯半岛成功立足后，返回非洲的通道在很长时间内处于封闭状态。根据最新气候模型，大约 3 万年前，曼德海峡两岸的降雨量大幅减少，这片生存环境极端恶劣的地区，已经无法起到沟通东非与阿拉伯半岛的走廊作用。在之后的漫长时间里，非洲人类与世界其他地区处于隔绝的状态，直到大约 1 万年前撒哈拉沙漠重新出现植被，非洲北部走廊再次得以通行。美洲和澳大利亚的人类移民也遭遇了相似命运。他们在冰河时期利用海平面降低的机会抵达了新的家园，然而在地球变暖后几千年时间里，他们与欧亚原始种群之间却没有任何接触。

此后，我们的祖先又用了数千年时间，才成功做到了之前无数史前人类屡屡碰壁的事情：征服尼安德特人和丹尼索瓦人、狼群和鬣狗、冰雪和草原称霸的世界。在这条道路的终点，人类文化最终战胜了生物学逻辑，这是进化史上的第一次。那些没有被冰河期、饥饿和残酷的大自然所击垮的古人类种群，当文明到来时，却彻底败下阵来。不过，在其灭绝之前，我们的祖先及时从他们身上攫取了一些有用的基因：比如说，人类正是依靠其中的某些基因才得以攀上世界屋脊。

第五章　过关斩将

让我们最后一次将目光转向尼安德特人和丹尼索瓦人。

二者都栖息在各自的安乐窝中，直到人类出现。

人类把自身从自然中解放出来，并且征服了自然。

巨型动物变成了人类的盘中餐，直到一个不剩。

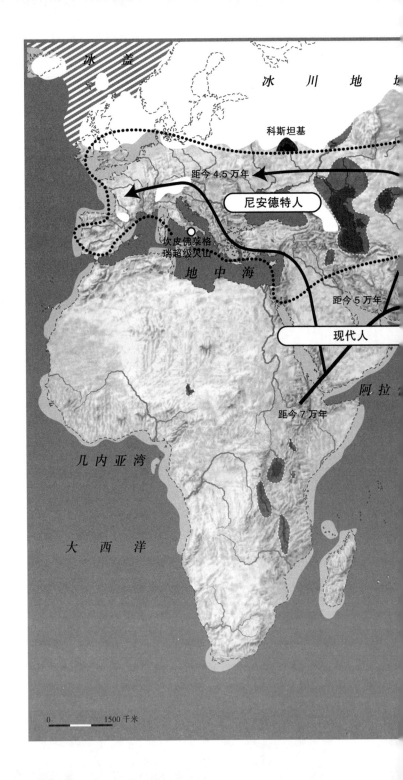

冰盖

冰川地域

科斯坦基

距今 4.5 万年

尼安德特人

坎皮佛莱格瑞超级火山

地 中 海

距今 5 万年

现代人

阿拉

距今 7 万年

几内亚湾

大 西 洋

0   1500 千米

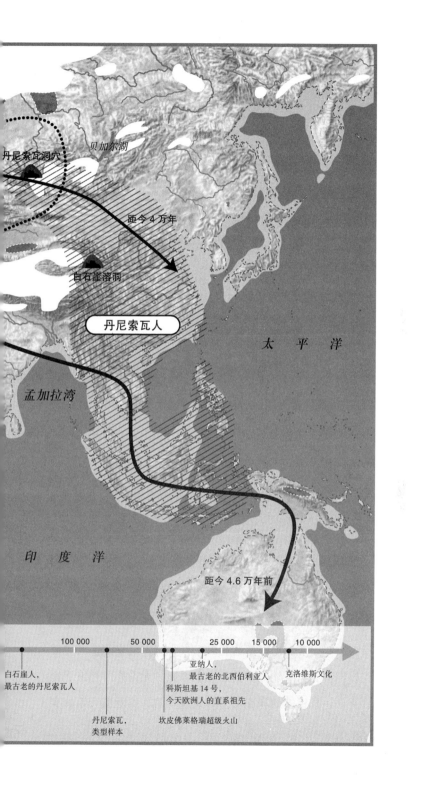

丹尼索瓦洞穴

贝加尔湖

距今 4 万年

白石崖溶洞

丹尼索瓦人

太 平 洋

孟加拉湾

印 度 洋

距今 4.6 万年前

| 100 000 | 50 000 | 25 000 | 15 000 | 10 000 |

白石崖人，
最古老的丹尼索瓦人

丹尼索瓦，
类型样本

亚纳人，
最古老的北西伯利亚人

科斯坦基 14 号，
今天欧洲人的直系祖先

坎皮佛莱格瑞超级火山

克洛维斯文化

并非偶然的相遇

对走出非洲的人类祖先来说，他们在前往近东的迁徙之路上所经历的瓶颈，迄今在非洲以外人群的基因中仍然有所体现。假说如今天全世界人口的最初起源是由1万人构成的一个种群，那么非洲以外人类的初始种群规模大概只有这个数字的一半。这群移民的基因只占人类基因库的一小部分，因此，除去尼安德特人和丹尼索瓦人的基因部分，今天撒哈拉以南非洲之外人群的DNA，可以说完全来自非洲的基因谱系。作为后来欧亚人的祖先，这个由区区5000人构成的人群，在今天看来是个很小的群体，然而从当时的视角来看，要在近东建立一个人口稠密的定居点，这个规模已绰绰有余。

尽管尼安德特人的基因组也显示，其数量在最多时也曾经达到将近5000人的"长期种群规模"，可是，这些人分布的地域却是整个欧洲和半个亚洲。根据这些数据来计算，尼安德特人的数量在某些时期甚至有可能减少到只剩500人，无论原因是出于食物来源匮乏，还是极端的冰冻期。如此规模的种群距离灭绝着实已近在咫尺，如果说尼安德特人在这些阶段出现过同类相食的现象，可以说也在情理之中。对尼安德特人种群规模过小的判断，与人们在对尼安德特人基因组测序中发现的有害基因突变，形成了彼此呼应的关系，这类基因突变的发生，多半是源于这些古人类个体之间极端密切的近亲关系。

实际上，当人类祖先与尼安德特人相遇时，这一数量原本就十分稀少的古人类种群当中，很大部分很可能已经存在基因上的缺陷。当现代人源源不断从非洲来到近东，并在群居式生活的种群中进行基因交换和修补时，在尼安德特人那里却完全是另一种情形：这个群体充其量只有几千人，并且零星散布在从今天以色列到莱茵兰、从西班牙到西伯利亚的广袤地域里，他们很难有机会相遇，并彼此进行交配。即便真的发生，交合的双方很可能也有着共同的祖父母或曾祖父母。

因此，我们的祖先诞下有抵抗力的孩子、从而形成一个健康种群的机会，显然比尼安德特人要大得多。不过，尼安德特人在欧洲却有着"主场优势"。他们几十万年来一直生活在这片从法国一直延伸到中亚的冰河时代的猛犸象草原上，他们对环境的熟悉程度无人能及。在猎杀猛犸象的过程中，尼安德特人习得了惊人的专业技能，更重要的是获得了无所畏惧的品质。他们使用的长矛相当原始简陋，要接近这些身高数米的庞然大物，还要在一个象鼻子的距离之内将其刺倒，其难度可想而知。这种经验需要几代人的积累才能建立起来，正如其他方面的经验一样，比如说哪些植物、浆果和蘑菇适合作为猛犸象肉大餐的配菜，哪些则有可能成为夺命的美味。这些必不可少的地域知识，对于刚刚来到北方这个全新动植物世界的现代人来说，是完全陌生的。

这或许也是现代人扩张中不断受挫的另一个原因。例如巴柯基罗洞穴人，巴尔干半岛没有给他们带来持久的运气；那位古捷克女子，很可能葬身于鬣狗之口；罗马尼亚的欧亚瑟人，他们身上携带的 10% 尼安德特人基因也没能给他们带来任何帮助；乌斯季伊希姆人，他们的祖先曾经到达遥远的中亚，后来却踪迹全无；还有许许多多移居北方的现代人，他们不仅没有留下任何基因，甚至连一块骨头也没有留下。

欧亚大陆西部的尼安德特人和东部的丹尼索瓦人各自偏安一隅，其生存状态与生命的自然规律完美合拍。他们在能力所及的范围内猎杀猛犸象和其他草原动物，由于能力的局限，人类和动物之间始终保持着数量上的平衡。他们每个人都必须全力以赴才能维持生存，所以没有多余的人力去从事技术上的革新，哪怕只是发明弓箭、更加锋利的刀剑或长矛投掷器。

在气候温和的近东地区，环境条件则与之迥异。即使在冰河时期，这里也和非洲大部分地区一样，有着丰富的动植物资源，在为人口增长奠定基础的同时，也为创新能力的不断提高创造了条件。经过无数代人的时间，人类对周围自然界的了解日益增多，所掌握的技术也让其渐渐拥有了在寒冷地带生存的能力。毕竟他们已经懂得如何使用火，还学会了用骨针和柔韧纤维捻成的"线"将兽皮缝制成衣服。此外，我们的祖先还很快掌握了尼安德特人的关键技能：捕猎巨型猎物。尽管如此，上述种种进步仍不足以让他们与欧亚大陆的古人类"土著"相抗衡。人类祖先最终能够获得成功，或许在一定程度上与他们从尼安德特人那里获得的一系列基因有关，例如，把自己的身体"套上"尼安德特人的皮肤。

假如有机会，尼安德特人或许会成为烟民

最早发现的人类祖先与尼安德特人混血产生的基因变异之一，是皮肤变厚。这种基因变异带来的好处在寒冷的北方显而易见，我们的祖先或许正是借助它，为自身在物竞天择的竞争中赢得了一个明显优势。在当今所有欧亚人当中，有70%到80%的人在基因组负责生成角蛋白的位点，携有这种来自尼安德特人的基因变异。角蛋白是一种蛋白质，它是构成人体皮肤外层、包括头发和指（趾）甲的主要材料。这种蛋白质的增加不仅能够让皮肤变得更加紧实，而且还能变厚，从而减少身体热量的损失。

另一种类似的效应，或许是来自尼安德特人的色素沉着基因。关于这一基因变异体，人们并没能通过研究得出如同皮肤厚度问题那样清晰的结论。因为色素沉着基因所涉及的是一组基因，人们很难说清在这个基因组合中，具体是哪一种基因起到了哪方面的作用。我们甚至无法判断，尼安德特人的色素沉着基因是导致皮肤颜色变深还是变浅，从今天携带这种变异体的人的肤色来看，两种情况皆有。不过，有许多迹象显示，现代人从尼安德特人获取的这一基因，导致的结果是肤色变浅，因为较少的色素沉着可

以让人体在北方阳光稀少的环境下更有效地合成维生素 D。

研究者在今天英国人身上，也发现了尼安德特人的这种色素沉着基因，其中既包括皮肤颜色偏深、也包括肤色偏浅的人群。这种基因变体再次让我们看到，基因的外在表现，即所谓表型（Phänotyp），即使在肤色这类明显的身体特征上也总存在着不确定性。基因结构比世界上功能最强大的计算机还要复杂得多，因为它不是采用二进制代码构成的，而是储存在碱基对中的数十亿条信息的变化和组合。

这一点在"烟民基因"上表现得尤其明显。这种从尼安德特人那里继承的基因变体，在重度吸烟者身上更为多见。因此人们推测，或许这种基因与对烟草成瘾的较高易感性有关，特别是对烟草中的尼古丁成分。在这里，有两点可以确定：首先，尼安德特人不可能有烟草；其次，这种对于尼古丁这一危险的神经毒素以及烟雾中所含有的致癌物质的嗜好，对任何生物来说都绝非生存优势，甚至有可能让相关物种在进化中面临被淘汰的危险。这两件事都表明，这种基因变异体除了与烟草成瘾性有关之外，必然还对至少一种其他人体特性具有决定性作用，并由此给携带者带来某种进化上的"选择优势"（Selektionsvorteil）。这个特性究竟是什么，我们迄今仍不知晓，但可以肯定，假如尼安德特人当时掌握了卷烟和种植烟草的技术，那么他们的洞穴就会被缭绕的烟雾熏得黢黑。另外，人们并没有发现，这一基因变异体与其他成瘾性疾病之间存在何种关联。

美洲之痛

假如这群想象中的尼安德特"烟民"一直活到今天，其呼吸道的不良健康状态很可能会让他们更容易受到新冠病毒的感染。还有另一个原因，也让他们比我们更容易受到这次瘟疫的打击。至少从 2020 年研究者对新冠肺炎患者所做的基因组比较分析来看，其结果便指向这一结论。早在新冠病毒流行之初，芬兰国家基因研究项目 FinnGen 便开始着手从现有数据库中的数十万个基因组中，提取出感染或死于新冠病毒的患者的基因组，目的是找出导致重症和死亡率上升的 DNA 变异体，这是基因研究直接应用于医疗目的的一个标志性例子。

不久之后，FinnGen 项目组向国际学术界公布了新冠肺炎死者、特别是重症患者身上出现频率明显偏高的基因位点数据，斯德哥尔摩卡罗林斯卡学院（Karolinska-Institut）和莱比锡进化人类学研究所的尼安德特人研究专家随后通过计算机对这些数据进行了追踪，果然有所收获：瑞典研究者在 1 号染色体上发现了一个约由 5 万个碱基对构成的 DNA 片段，那些在这一位点携有尼安德特人基因变异体的人群，在感染新冠病毒时的死亡风险有可能高出三倍。

这是因为，这里所提到的基因组片段有可能通过"反位效应"（Trans-Effekt），对其他有可能对人体感染新冠病毒发挥重要作用的基因产生影响。其一是对 CCR9 基因，这种基因作用于趋化因子受体（Chemokin-Rezeptor），人体的部分免疫反应是受这种受体的控制；其二，一个相邻基因将与 ACE2 受体产生直接的交互作用。这种参与人体信号传输的蛋白质，是冠状病毒入侵的门户。据推测，它有可能是男性患者死亡率偏高的原因，因为在男性细胞膜中，ACE2 的浓度普遍高于平均水平。

相反，非洲以外人群当中的一部分人从尼安德特人那里继承了另一个 DNA 片段，这个 DNA 片段可以对感染 SARS-CoV-2 冠状病毒的患者起到保护作用，以免从轻症转为重症。这个位于 12 号染色体上的基因片段，在人体感染核糖核酸病毒（RNA-Viren）方面具有重要影响。

尼安德特人毕竟没有遇到新冠病毒，而且很可能也从未遇到过其他任何一种冠状病毒，因此这种基因表达对他们来说要么根本没有优劣之分，而只是按照随机法则自然传播；要么是与人体的其他某种特性相关，而这种特性可以提高该基因携带者的生存或繁殖概率。后一种情况的可能性相对更大。这一来自尼安德特人的基因片段在当今人类中的分布便为此提供了线索。例如，这种基因变异体在欧洲十分罕见，只有约 1%—2% 的人口携带这种基因。[18] 但是在巴基斯坦，几乎有一半的人口带有这一基因片段。据猜测，这或许与霍乱弧菌在该地区的高感染率有关。

根据最新临床数据，由霍乱细菌产生的可导致致命性腹泻的毒素，其作用可能被一种受 CCR9 基因影响的受体所削弱。因此，一种可能的情况是，拥有强大 CCR9 基因的尼安德特人获得了更好的保护，从而使霍乱或其他胃肠道疾病的致死率大大降低。这也是现代人与尼安德特人杂交后得到的一项选择优势，特别是在这类病菌肆虐的地区，这一优势显得尤为重要。

尼安德特人的另一个遗传特征也明显具有健康上的优势，尤其对生活在寒冷北方的现代人来说。目前已知的是，今天欧洲人的体内携有一个尼安德特人基因片段，其出现频率明显高于平均水平。这个基因片段对一种负责先天免疫系统的 Toll 样受体（Toll-Like Receptor）具有决定性作用。因此几乎可以肯定，这种基因的形成是对当时流行于欧亚大陆、对人类具有致命危险的细菌或病毒的一种适应性反应。但是，这里所涉及的具体是哪种病原体，目前还不得而知。

另一个存在于现代人类基因库中的尼安德特人基因片段，对研究者来说迄今是一个谜。我们完全搞不清楚它的传承是基于偶然，还是曾在进化上为人类提供了某种优势。就目前已知的信息而言，这个基因片段对携带者来说显然算不上什么好事，因为它的作用是使人体的疼痛感明显增加。按照今天的标准，尼安德特人对疼痛的敏感度极强，大致相当于八岁的孩子。我们之所以知道这一点，是因为研究者在实验室重建了这种由尼安德特人基因编码的疼痛受体，然后测量了它对电流信号的敏感性。

尼安德特人的疼痛基因在今天欧洲人身上几乎都已消失，只有不到 1% 的人拥有这种基因。然而在墨西哥和南美洲的原住民中，几乎每两人当中就有一人携带该基因片段。这里存在两种可能性：一种可能性是，这种基因是人类经白令海峡移民到美洲之后才生成的，因为它能使人类在美洲环境中具有某种进化上的优势，无论是对疼痛的更高敏感度，还是某种我们迄今未知的相关特性；另一种可能是，这种基因是被遭遇瓶颈效应的种群从亚洲带到美洲的。如果是这样，那么该基因在美洲的传播便只是一种遗传上的偶然现象。然而，现代人从尼安德特人那里继承的对疼痛的敏感，或有可能为其开拓这片未知大陆提供某种优势，这种推测并非毫无道理：它可以帮助人类在陌生之地更好地防范危险，例如在碰到有毒植物时及时向身体发出警告信号。然而，鉴于尼安德特人对其周围的动植物环境早已了如指掌，这一基因特征对他们来说究竟作用何在，却无法通过上述解释找到答案。

繁殖力强大的尼安德特女性

如果把尼安德特人的灭绝完全归咎于现代人在遗传上的某种优势，未免过于草率。尽管基因方面的因素无论如何都无法忽视，但同时，我们有必要思考一个问题：在不同古人类物种共同生活在地球上的年代，为什么我们的祖先一次又一次克制不住地要向北方迁移，而尼安德特人却没有表现出丝毫的野心，要把南方变成自己的地盘？还有，为什么在长达数十万年的时间里，尼安德特人都无法适应其所处地域以外的环境，而现代人却能够在从进化史角度看短短一瞬间，轻而易举地从非洲稀树草原转移到了欧亚大草原？

和许多事情一样，这个问题也没有唯一答案。或许其中一个答案就隐藏在基因中，但我们目前还没有能力捕捉到它的线索。

不过，我们眼下已经看到，是什么使人类祖先与其注定走向没落的近亲尼安德特人明确地区分开来：其一是高度复杂的人类文化，其二是与此相关的适应和塑造周围自然环境的能力。此外，通过与尼安德特人的基因混合，我们的祖先也以同化的方式征服了尼安德特人这个"自然"对象，尽管他们对此或许并无意识。尼安德特人最终给我们留下的，正是我们可以用到的东西，这便是他们身上的优势基因。不过，对人类祖先而言，尼安德特人当然并非是单纯的基因贡献者，他们自身有可能也曾受益于被新移民带到欧亚大陆的基因库，只是其"借鉴"的方式，显然没能为其长期生存创造必要的条件。

其实，对于一个种群的长期繁衍，尼安德特人甚至有着比人类更好的条件，至少从尼安德特女性的体质来看，这一点便是可以想象的。众所周知，一直到 20 世纪，婴儿在出生时或出生后头几年夭折的现象几乎属于常态，这种悲惨的命运从人类进化之初，便始终与之相伴。尼安德特人在这方面显然比我们的祖先要幸运得多。2020 年，卡罗林斯卡学院与莱比锡进化人类学研究所的一项合作研究显示，现代女性身上的一组尼安德特人基因片段，可以使孕妇的流产和死胎率显著降低。这里所涉及的是决定黄体酮受体编码的单一基因。在基因组相应片段中带有这种尼安德特人 DNA 的女性，黄体酮受体的生成量增大，而黄体酮激素反过来又可以促进子宫内膜的生长，从而更好地给胎儿提供营养。如今，人工合成黄体酮经常被用于不育症或习惯性流产的治疗。

由此可见，尼安德特人女性因为有着高于平均水平的黄体酮分泌量，所以从理论上讲，其生育能力也应当在人类之上。对于形成规模壮大的种群来说，这原本是一个明显的生物学优势。但是，由于现代人在南方拥有相对温和的气候以及更好的生存条件，尼安德特人的这一优势很可能在很大程度上被抵消了。当现代人移居到北方并与尼安德特人杂交之后，他们也获得了原本属于后者的这一进化优势。根据一份基于英国数据的研究报告，今天欧洲女性当中约有 60% 的人携带有上述尼安德特人的基因片段。

文化力量打败生物学法则

在南方人类首次移居北方后，大约过了 1 万年，尼安德特人便告绝迹。从时间上看，最迟是在 3.9 万年前，他们不再作为一个独立的人类物种存活于世，而只是作为一个处于边缘位置的基因片段存在于现代人体内。尼安德特人之所以被我们的祖先所取代，或许是受到全球变暖的直接影响。最新气候模型显示，4 万年前，欧亚大陆的一半并非如人们以往猜测的那样，是被大面积的冰川所覆盖。冰川的实际范围，大概只限于与斯堪的纳维亚半岛同纬度的地区。欧亚大陆经历了数万年严寒气候之后，我们的祖先趁着气候变暖的一段窗口期，开启了第一次探索之旅。

正是在上述条件下，现代人用了两万多年的时间，在近东地区建起了比尼安德特人更优越的狩猎采集文化。他们眼下身处的北方世界，为其提供了延续和完善人类文化的更大空间。在人类经过数万年积淀、利用优越的环境条件所取得的进步面前，尼安德特人变得毫无招架之力。双方的力量对比渐渐倒向对后者不利的方向，直至有一天形势彻底逆转。由基因决定的对极端环境的适应能力作为昔日的生存保障，如今对尼安德特人来说几乎已失去所用。对大自然的适应能力不再是推动进步的唯一动力，生物学法则彻底败在人类文化的威力之下。

随着现代人向欧亚大陆各个角落推进，生存地域主要限于猛犸象草原的尼安德特人很快就没有了退路。在拼力抗争中经历了漫长的熬煎后，3.9 万年前突发的一场自然灾害，很可能成为压倒这一史前人类的最后一根稻草。这便是靠近维苏威火山的坎皮佛莱格瑞火山（Vulkans der Phlegräischen Felder）的爆发。尽管这次喷发并不像 3.5 万年前多巴火山那样剧烈，但其冲击的却是尼安德特人栖息地的核心。遮天蔽日的火山灰云笼罩整个欧洲的天空长达数年之久，导致植物以及靠食草为生的猛犸象的数量大大减少。这时候，只有那些有能力开发新的食物来源的种群，才有机会存活下来，无论这些食物是树根、白蚁还是反应敏捷的小动物。面对这样的环境，尼安德特人一筹莫展，因为他们不像现代人那样，掌握着获取食物所必需的研发精细技术和工具的能力。

但是，我们没有理由为此感到自负。在当时的欧洲，现代人也一样没能躲过绝迹的命运。因为我们迄今所知的所有火山爆发前人类所特有的 DNA，在今天的人类基因库中都已消失不见。不过，智人在南方毕竟还有自己的退守之地。与尼安德特人相比，分布在几乎所有纬度的智人在一代代繁衍的过程中，从未因为火山爆发而被推上绝路。

第一个将人类基因轨迹带到今天的冰河时代的欧洲人，是3.9万年前死于科斯坦基的马尔基纳戈拉人（Markina-Gora-Mann）。目前至少可以确定，这个男人在生命的最后阶段是在今天俄罗斯西部度过的。其骨骸被埋在了火山灰层当中，而非火山灰层之下。这说明，他和他的祖先是在火山喷发后才来到欧洲的，原因或许正是当地原住民在这场灾难中遭遇灭绝或人口锐减，给新移民带来了立足的机会。

诸多迹象表明，现代人所创造的文化在此之前就已经存在，其分布范围从欧洲延伸到亚洲。正如不同考古发掘所显示，巴柯基罗人和数千年之后生活在欧亚大陆另一端的田园洞人所使用的工具几乎是相同的，仅此一点便反映出两者之间的近缘关系。与此相吻合的是，旧石器时代晚期的文化也是从今天以色列一直延伸到中国北方。而且现如今，科学家也已证实巴柯基罗人与田园洞人之间存在着基因上的联系。由此可以推断，这两处考古遗迹之间的某个地方，曾经生活着一个初始种群，其栖息地范围至少覆盖了欧亚大陆的南部，后来出于不明原因而绝迹。我们的祖先正是使其灭绝的最大嫌疑人之一。

自我节制力的匮乏

智人向全世界扩张的速度，简直令人叹为观止，生物学法则为所有其他动物所设定的限制，在智人这里都失去了效力。凭借新开发的狩猎和捕杀技术，现代人不再是众多生物之一种，而是自古以来最高效的杀手。他们用刀剑、长矛、弓箭和陷阱，去追猎一切令其垂涎的野兽，而其目光最先瞄准的，总是那些肥厚多汁的肉排，也就是大型野兽。这些新移民的嗜肉偏好与尼安德特人和丹尼索瓦人毫无分别，只是行动上更高效、更熟练，虽然这些话听上去更像是夸奖。无论他们出现在哪里，哪里的巨型动物不久后都会灭绝。

这一点将我们的祖先从本质上与其他人类物种区分开来。对动物如此滥捕滥杀，在其他史前人类那里从未发生过。与尼安德特人共存数十万年之后，猛犸象仍然是两者当中更稳定的种群；在鬣狗面前，尼安德特人甚至都无法保住自身在食物链中的位置。很显然，尼安德特人根本不具备将其他物种灭绝的能力。正因为如此，他们也为可持续的生存方式奠定了基础，虽然这一结果或许并非出自本意。然而，正是出于同一原因，当尼安德特人的生存方式与现代人的贪婪本性发生冲突时，他们必然会输得惨败。

在人类祖先到来以及尼安德特人灭绝后不久，欧洲猛犸象彻底绝迹。由此留下的空缺被远方迁徙来的亚洲猛犸象所填补，但后者也没能存活到冰河期结束。欧亚大草原上体型稍小的动物，如长毛犀牛、大角鹿、史前马、野牛、洞熊、洞狮和洞鬣狗等，也开始遭到捕杀，直到这些动物作为食物来源或竞争对手不复存在。人类这一新生代物种毫不留情地追杀一切可以提供肉食的动

现代人一次次向北方的猛犸象大草原推进。经历多次失败后，我们的祖先在 3.9
万年前终于站稳了脚跟，这里的巨型动物以及尼安德特人随后相继灭绝

物，直至世界的尽头。

大约 4.5 万年前，人类在踏上扩张之路后不久，便抵达了澳大利亚。据某些方面的测算，时间甚至比这更早。于是，同样的捕猎游戏在这里再次上演。在人类的猎物当中，还包括一些重达数吨的有袋类动物，如巨型袋鼠和袋熊、数米长的巨蜥和数百磅重的鸟类等。在这群新移民眼里，它们每一样都是令人垂涎的美味。对身边巨型动物群的滥捕滥杀，对人类来说几乎是一种本能。他们对这种冲动毫无克制力，哪怕这一冲动有可能导致其自身的毁灭。即使是毛利人的祖先，在他们于大约 800 年前作为第一批人类在新西兰定居之后，也只过了不到 100 年的时间，那里数以万计、肉质丰富、身高可达 3 米的恐鸟便绝迹了。

全世界迄今仍有大型动物群生存的地区只有非洲和南亚，而这两个地方正是人类定居史部分可以追溯到直立人、早在数十万年前便已有现代人生活的地区。从表面来看，这与现代人没有能力有节制地利用大型动物的观点存在明显矛盾，但其实不然。因为非洲和亚洲的犀牛、长颈鹿、河马和大象一直在与人类"共同进化"，所以它们有充足的时间逐渐适应来自这群原本性情温顺的猢狲们的致命危险。在非洲大型动物身上，对人类的恐惧代代相传，并在它们的 DNA 中留下了深刻烙印。如果把新西兰或北美那些不很怕人的动物与非洲大草原的动物做个比较，你就会切身体会到这一点：在非洲草原，假如狮子或大象不知道我们会随时投掷长矛，甚至使用弓箭将其射杀，它们仍然可以像以往一样将我们撕成碎片或踩成肉饼，而现在，只要远远瞥见这些嗜血的智人后代近身，它们便会立即逃走。

征服新的狩猎场只是满足与日俱增的人口对肉食需求的方式之一，除此之外，还有食物范围的扩大，特别是当大型动物的优质肉排日渐稀缺的时候。于是，人们将食物从猛犸象换到了鹿，再到小鹿，再到猪和野兔。这样一来，人们不仅需要捕捉数量更多的动物，而且还需要更多的捕猎技巧，毕竟体型较小的动物在逃跑时，要比笨重的猛犸象更快、更灵活。为此，我们的祖先发明了更先进的猎捕工具，并且训练出了耐心和射杀的准确性，学会了更高明的狩猎策略，即使是反应最敏捷的猎物，也别想活着逃走，哪怕是在水中。

随着时间的推移，人类食谱上的内容变得越来越丰富。在开拓美食方面，人类也变得越来越有想象力，对食物也越来越不挑剔。他们借助火烧，敲碎陆龟的壳；他们发现了各种可以充饥的海鲜，虽然有些海鲜乍看上去未必会让人有胃口；甚至连昆虫、蜘蛛、白蚁、甲虫和蛆虫，也成为人类的盘中餐——对于经常不得不用蘑菇、树根和树皮果腹的人类来说，上述所有这些都是上佳的蛋白质补充剂。因此，现代人的饮食习惯可能比尼安德特人更接近猿类，这是古人类为了崛起成为智人所付出的代价，为了满足人类大脑的巨大能量能耗，而不得不牺牲肠胃。这个代价或许也是出于另一个目的：即使在最艰难的时候，也绝不能打破同类相食的禁忌。在这方面，人类与尼安德特人有着根本的不同。

■ 共同进化

　　共同进化的原则也适用于小型动物，例如旅鸽。19世纪时，北美仍有多达50亿只旅鸽，新英格兰的天空甚至常常被其遮蔽。随着欧洲移民的到来以及火药的发明，旅鸽主宰天空的时代终于结束，旅鸽肉被以极低廉的价格出售，直至1914年最后一只被射杀。

　　不过它们也许很快又会飞回到那里。2012年，曾宣布要复活尼安德特人的哈佛大学遗传学家乔治·丘奇推出了"让旅鸽复活"（Bringing back the Passenger Pigeon）项目计划。根据丘奇以及其他知名科学家宣称的目标，他们将借助古基因序列和今天的斑尾鸽基因组，重建和复制出旅鸽的DNA。长毛象也在这个"复活与复兴"（Revive & Restore）计划的清单上。但是，即使这项计划能够成功，有一天猛犸象又在世界各地的动物园里踱步，那些随着人类祖先登上世界舞台而迅速灭绝的成千上万的动物物种，也已经一去不复返。而且在多数情况下，我们甚至都没有意识到它们的消失，因为我们既没有它们的化石，更不可能有可以使它们复活的DNA样本。

发现美洲

　　现代人相继征服了此前尼安德特人、丹尼索瓦人以及其他所有史前人类都未能到达的栖息地。2019年，科学家对几颗乳牙化石中提取的 DNA 进行了分析并发现，现代人至少在 3.1 万年前便已深入到西伯利亚东部的高寒地区，这个位置甚至已在北极圈深处。这处被称为北西伯利亚古人（Alt-Nordsibirier）的古人类遗迹是在俄罗斯亚纳河（Jana）沿岸发现的，同时出土的还有数千份与人类生活痕迹相关的证据，其中包括石器、动物骨骼和象牙等。

这些考古发现清楚地显示了这群人所偏向的食物来源，即长毛象、毛犀牛和野牛。这一发现并不令人意外，让人大吃一惊的是 DNA 分析的结果：北西伯利亚古人的基因线在欧洲和亚洲人群分离后不久便独立出来，不过，他们与当今欧洲人的基因相似度比亚洲人要高。这有可能是因为他们当时的路线是沿着北极圈一路向东，否则，他们难免会在迁徙的过程中与亚洲人发生基因交换。由此可以推想，北西伯利亚古人很可能在北极圈沿线的欧亚大陆大片地区都留下过自己的足迹。尽管这里的生存条件极端恶劣，但是，他们仍然顽强地活了下来。

人类究竟是在何时跨越冰河时期干涸的白令海峡到达阿拉斯加，继而征服北美和南美，目前仍然是科学界争论不休的话题。一些研究人员将几处线索并不清晰的考古发现，看作人类在 3 万年前发现美洲的证据，甚至还有人提出，实际的时间是在 13 万年前。但是，所有基因计算却统统指向同一个结果：人类在美洲定居发生在 1.5 万年前。今天生活在北至阿拉斯加、南至火地岛之间的所有原住民，其基因线的源头都可以追溯到这一时期的共同祖先。假如说在此之前也曾有人类移居到美洲，那么我们只能得出一个结论：这些最早踏上美洲的第一代人类先驱后来已悉数灭绝。

大多数美国人大概都在上学时学过，1.3 万年前覆盖今天美国整个中西部地区、由古印第安人（Paläo-Amerikaner）创造的克洛维斯文化（Clovis-Hochkultur），是人类征服新世界的最古老证据。而且在现实生活中，与这一文化相关的考古发现的确比比皆是：例如嵌在猛犸象骨头中的克洛维斯箭头，而猛犸象在美洲也很快被猎杀殆尽。但是，自 1980 年代南美蒙特沃德（Monte Verde）遗址出土之后，克洛维斯起源论（Clovis-first-These）越来越难以自圆其说。因为这处遗址显示，早在 1.45 万年前，蒙特沃德地区就已经有人类生活。

近年来，一派观点在学术界渐渐成为主流：人类在美洲的扩张，是沿着太平洋海岸、由北向南进行的。按照传统看法，直到 1.35 万年前，北美冰原上才出现了一条可以通行的"走廊"，它从西部落基山脉一直延伸到今天的波士顿，并将阿拉斯加与美洲其他地区分隔开来。然而，鉴于美洲西海岸延绵无际的长度，再加上沿线的众多天然屏障，人类要想在短短几百年间沿海岸线一路南下，征服整个美洲大陆，想必绝非易事。这几百年指的是从美洲原住民发生基因分离，到人类抵达智利之间的这段时间跨度。不过，根据最新气候模型，在人类征服美洲的问题上，还存在另一种可能性。这种可能性虽未成为学术界共识，但至少让人们多了一条新的思路：早在 1.5 万年前，落基山脉以东可能已经形成了一条没有冰层覆盖的从阿拉斯加通往南方的通道，这使人类完成在整个美洲的扩张成为可能。

不论怎样，可以肯定的是，今天的美洲原住民有一半可以追溯到北欧亚大陆古人（anzestrale Nordeurasier），北西伯利亚古人也混杂其中。北欧亚大陆古人至少在 2.4 万年前就已生活在欧亚大陆大部分地区，其范围从东欧一直延伸到贝加尔湖。因此，不仅在美洲原住民中，而且在今天的欧洲人身上，也发现了他们的基因。后者身上的这部分基因，应当是欧洲人基因库在青铜时代被亚洲草原人彻底颠覆的时候获得的。

美国原住民的另一半基因来自东亚人。这些东亚人应当是在 1.4 万多年前向北方迁移，然后在那里与北欧亚大陆古人发生杂交。2020 年，莱比锡进化人类学研究所的一支团队从贝加尔地区出土的一颗 1.4 万年前的人类牙齿中提取的 DNA，为上述推测提供了根据。从基因构成来看，这位南西伯利亚早期居民与后来的美洲原住民非常相似。这也意味着，构成美洲原住民的混杂群体并非如人们长期以来所猜测的那样，是在到达白令海峡前不久才刚刚出现。这一人群的分布区域很可能一直延伸到遥远的南部，直至贝加尔湖。

但是，就今天东亚地区的原住民而言，其祖先或许在很长时间里一直过着离群索居的生活，因为与欧洲人和美洲人相比，这些人身上只携带着很小一部分北欧亚大陆古人的 DNA。由此可以推测，这些东亚人的遗传基因主要来自大陆东部的狩猎采集者。

直到世界尽头

关于 50 万年前从尼安德特人血统分离出来的丹尼索瓦人，我们迄今所掌握的遗传学证据可谓寥寥无几，而且没有一块完整的骨骼能够为我们推测其外形相貌提供线索。我们所掌握的只有几块细小的骨头，其中包括一块樱桃核大小的指骨。正是从这块指骨中提取的 DNA，为我们证实了这一此前未知的史前人类的存在。后来，在丹尼索瓦洞穴中又陆续出土了更多的丹尼索瓦人骨头碎片，甚至有一块尼安德特人和丹尼索瓦人混血儿的骨头。

另外一处仅有的丹尼索瓦人遗址是位于青藏高原海拔 3200 多米的白石崖溶洞，在这里，人们发现了一块 16 万年前的下颌骨。根据 2019 年公布的骨骼蛋白质以及洞穴沉积物的 DNA 分析报告，科学家推测这一古人类个体属于丹尼索瓦人。这意味着丹尼索瓦人可能是第一批冒险进入高原地区的人类。他们是依靠基因上的适应和调整——某种基因上的突变——才做到了这一点。今天生活在喜马拉雅山脉南部的夏尔巴人，几乎每人身上都带有这种基因变异体。正是凭借这一优势，丹尼索瓦人才有可能长期在如此高海拔的洞穴中生活。

这种基因突变的作用，是关闭了几乎所有哺乳动物都具有的一个先天功能，即红细胞数量随海拔升高和气压降低而增加。这是因为，随着大气压力的降低，肺部通过血细胞进行氧气交换的难度增大，而这项功能便是让身体制造出更多的负责输送氧气的血红细胞，以作为弥补。从短期效果来看，例如对攀登珠穆朗玛峰的登山者来说，这一机制非常有用。但是，只有通过对长期后果的观察才会发现，这一机制对长年生活在高海拔的人而言弊大于利。因为血红细胞数量的增多，有时也会产生致命的副作用：

如促成血栓的形成，并由此引发中风或心肌梗死，此外还有死胎率的增高。

丹尼索瓦人的基因突变恰恰防止了这一点。但是，如果没有充足的氧气供应，他们几乎无法生存，因此在上述基因突变的同时，必须还要有另一种基因上的调整。这种基因变化究竟发生在何处，我们尚不知晓。我们目前仍然搞不清楚，为什么多数带有这种基因突变的夏尔巴人与其他所有人一样，无法适应长期高海拔生活，但同时能够在需要时轻松地将世界其他地方的人送上世界屋脊。他们的祖先在从丹尼索瓦人那里获得了相关基因突变后，这种基因在很长时间里处于休眠状态，只在他们当中极少数人身上还有表现。直到大约 3500 年前，它才开始在西藏地区的一些人群中传播，这一变化很可能是在这些人向海拔更高的栖息地迁移的过程中发生的。研究者根据对 4000 年前的人类基因组的测序分析，提出了上述推测。

由此可见，丹尼索瓦人比尼安德特人更有能力适应差异巨大的环境条件。证明丹尼索瓦人存在的两个直接基因证据，都是来自这些史前人类分布的北部区域，即从今天的蒙古延伸到中国直至喜马拉雅山脉的整个山区。但是，我们的祖先与这一古人类种群似乎很少发生交集：今天的中国人和东南亚人只携有大约千分之二的丹尼索瓦人 DNA，而在相邻的大洋洲，情况却截然不同。生活在这里的原住民身上的 DNA 成分说明——虽然只是以间接的形式——丹尼索瓦人不仅能够适应山区生活，而且也能够轻松地在海边安家。

西藏白石崖溶洞位于海拔近 3300 米处，据推测，丹尼索瓦人居住在这里的时间距今至少有 16 万年。他们对高海拔生活显然十分适应，这种基因优势在今天的夏尔巴人身上依然有所表现

止步于塔斯马尼亚

　　丹尼索瓦人的 DNA 在今天中国人、韩国人、日本人和美洲原住民的基因中只占很小的比例，然而在新几内亚和澳大利亚的人群中，其所占比例却高出许多。该地区的原住民不仅和所有非洲以外的人类一样，携有大约 2% 的尼安德特人 DNA，而且他们身上还携带有大约 5% 的丹尼索瓦人 DNA。不过，这里所涉及是两个不同的丹尼索瓦人基因分支，其传播走向一个是朝向大洋洲，另一个朝向东亚。根据遗传学计算，丹尼索瓦人在大约 20 万年前

至少分成了两个种群，即南方丹尼索瓦人和北方丹尼索瓦人。他们在基因上存在明显差异，但仍然属于同一人种。北方丹尼索瓦人生活的地域是在阿尔泰山脉和西藏，而南方丹尼索瓦人则一路辗转来到新几内亚，其间很可能与现代人发生过基因融合。

目前，我们还没有找到任何与南方丹尼索瓦人有关的 DNA 证据，但是在新几内亚和澳大利亚原住民的基因组中，却带有南方丹尼索瓦人的明显痕迹。这里涉及一个问题：现代人究竟是在到达新几内亚后才与丹尼索瓦人发生的混血，还是在此之前便已获得了他们的基因？答案如何绝非无关紧要，因为它可以为我们提供一条线索，由此了解丹尼索瓦人是比现代人抢先一步更早征服了大洋洲，还是他们最终未能像人类那样，成功跨越最后一道屏障：海洋。

在冰河时期，澳大利亚和北部的新几内亚岛是一片连在一起的陆地，人称莎湖陆棚（Sahul）。海的另一边是与亚洲大陆相连的巽他古陆（Sundaland）。这两块陆地之间是华莱士区（Wallacea），这片岛屿是世界上最难逾越的生物屏障之一。由于强大的洋流在数百万年间阻隔了物种交流，华莱士区两边的动植物群落直到今天仍然有着根本的不同。若想到达莎湖陆棚，必须首先克服这一屏障。但是，丹尼索瓦人完全有可能成功地做到了这一点。在此之后，这道巨大的屏障发生了根本性变化，它变成了印度尼西亚群岛末端的广阔海域。无论人们决定从哪里出发穿越这片辽阔的海域，莎湖陆棚都不在视线之内，就像黑尔戈兰岛（Helgoland）距离北海海岸一样遥远。谁想要赌一把运气，都只能祈求老天保佑自己平安抵达。

但我们的祖先做到了，这一点是确定无疑的。至于说他们是在渡海之前就已带上了丹尼索瓦人的基因，还是在到达莎湖陆棚后才从后者身上所汲取，目前我们只能靠猜测来判断。也许是丹尼索瓦人抢在人类祖先之前，勇敢地迈出了至关重要的这一步。这中间的真相，谁又能说清呢？我们只知道，他们把自己的基因痕迹若隐若现地留在了大洋洲人的基因库中，留在了阿尔泰山脉的一颗牙齿和青藏高原的一块下颚骨之中。我们不知道丹尼索瓦人曾经在世上生存了多久，最终进化到了怎样的程度，后来又以何种方式走上了灭绝之路，但可以肯定，他们确已消失，如同尼安德特人一样。

对大约在 4.5 万年前成功征服莎湖陆棚的人类先驱而言，这次航行是一个孤单的旅程。第一批现代人来到澳大利亚之后，再没有新的人类移民跟进，起码在今天当地原住民的 DNA 中没有任何痕迹指向这一点。澳大利亚原住民在此后数千年的时间里，成功创造出令人惊叹的狩猎采集文化以及独特的神话和宗教，将一个生存条件恶劣的大陆变成了人类的家园。但是随着冰河期的结束，澳大利亚大陆与新几内亚之间形成了一道不可跨越的屏障，与此同时，大陆南端的塔斯马尼亚（Tasmanien）也变成了一个孤岛。

从此以后，塔斯马尼亚人在很长时间里都处于与世隔绝的状态。考古发掘的线索显示，随着时间的流逝，塔斯马尼亚人逐渐丧失了原有的文化和技术创新。欧洲人在 1.1 万多年后重新发现这个岛屿时，看到这群古老同胞还使用着最原始的石器。这一切也最终注定了塔斯马尼亚人的结局：屠杀，外来的传染病，驱逐，以及最后的系统性灭绝，导致这些塔斯马尼亚土著从地球上彻底绝迹。

在长达数万年的时间里，塔斯马尼亚南端一直是勇敢的人类祖先在地球上所到达的最遥远的角落。在该岛东南部的锡格尼特（Cygnet）小镇，这群人类先驱的痕迹于 1905 年最终消散在欧洲移民的基因库中：这一年，最后一位塔斯马尼亚原住民的后代范妮·科克伦·史密斯（Fanny Cochrane Smith）离开了人世。

第六章 魔法森林

四万年前，东南亚真正成了人类的天下。

在这里，人类将遭遇雨林、霍比特人和各种野兽的威胁。

在南边的澳大利亚，情况更加危险，他们只能闭上眼，一路向前。

很多时候，他们不得不跃入水中，却不知该游向何处。

不论怎样，总有一个人能够撑到最后。

此时在北方，犬类开始被人类驯化。

卡劳洞 / 吕宋人

吕宋岛

南　海

棉兰老岛

巽　他　古　陆

婆罗洲

华
莱
士
区

苏拉威西岛

苏门答腊岛

利昂布阿洞 / 弗洛勒

爪哇岛

印　度　洋

距今两万年，陆地面积达到最大值

| 100 000 | 75 000 | 50 000 | 25 000 |

蒙哥湖 / 智人

利昂布阿洞 / 弗洛勒斯人

卡劳洞穴 / 吕宋人

太 平 洋

新几内亚

珊 瑚 海

莎 湖 陆 棚

艾尔湖

蒙哥湖 / 蒙哥人

0　　500　　1000　　1500 千米

恐怖之地

一个人如何认识自己的出身，主要与其留下的痕迹，而不是过去的经历本身有关。在重建祖先在地球上的栖息地时，我们必须时刻意识到这一点。考古学所依靠的是人类栖息地遗迹，如史前时期的炉灶和工具以及原始人骨骼等。对于考古遗传学来说更是如此，它所依靠的是能够将 DNA 长久保存下来的骨骼、牙齿和头发等。要想找到与人类生命相关的可以发现和利用的考古学证据，必须具备相应的条件。条件最佳的，是那些能够让人类遗迹在凉爽、干燥和尽可能避免紫外线辐射的环境下得到保存的地方，因为在潮湿炎热和细菌滋生的环境下，这些遗迹很容易被自然力破坏。此外，有考古学家的地方才会有考古学。这一学科起源于 18 世纪的欧洲，并在欧洲发扬光大。正是出于这一原因，在旧大陆，为了搜寻石器时代的痕迹，几乎没有哪一处洞穴不曾被充满好奇心的科研人员和考古爱好者所光顾。而考古遗传学用于研究分析的化石标本，大都是来自凉爽、温和而干燥的纬度。这种现象是由地区气候条件决定的：对于人类遗迹中脆弱的 DNA

结构来说，寒冷和干燥的空气所起到的作用，就像一道天然的保护层。

因此，欧亚大陆北部为考古学家和考古遗传学家提供了绝佳的自然条件。此外在欧洲，还有另一重因素：探寻人类迁徙在这里留下的遗迹，历来便是欧洲人格外关注的话题。然而在非洲的原始森林，这个类人猿的共同祖先最早生活过的地方，我们却迄今没有任何发现——在潮湿的热带气候下，死者遗骸最多只能保存几天，而不可能是成千上万年。但非洲东部却是一个特例，在这里，相对干燥的气候为丰富的考古发现创造了有利条件：东非大裂谷不仅为非洲大陆东部的早期人类提供了一条贯穿南北的通道，同时也为几百万年后从这里发掘出人类遗迹创造了理想条件。由于非洲板块和阿拉伯板块的长期摩擦和漂移，不断有新的岩层暴露出来。假如没有板块构造的帮助，考古学家将永远无法接触到这些岩层。撒哈拉的情况则完全不同。关于撒哈拉被绿洲覆盖时期的人类定居史，我们所知甚少。这里除了沙子，几乎没有任何东西可以挖掘。如果你曾在海滩上丢过戒指，到第二天才发现，那么你就会知道，找回它的希望是多么渺茫。

所有欧亚大陆北部、特别是西部与尼安德特人、直立人和现代人有关的发现，都有赖于当地良好的考古学环境以及得天独厚的自然条件。强调这一点，绝非是要贬低已知历史的重要性，而不过是提醒人们，应当对此树立正确的认识。关于非洲考古的欠缺之处，我们在这里也只是略述一二。实际上，世界上还有一个地区，在以往考古学和考古遗传学研究中一直未受到重视。人们现在已经意识到，这种疏忽是一个莫大的错误。

因为人们越来越清楚地看到，东亚的亚热带和热带地区值得科学家们进行更细致的考察，特别是亚洲大陆和澳大利亚之间的狭长地带。这一地区目前出土的考古遗迹仍然十分贫乏，由于前述原因，与古人类 DNA 有关的发现更是罕见。但仅以我们目前所掌握的有限信息，便足以描绘出一幅令人印象深刻的画面。这是一个神秘的世界，在这里，我们的祖先将雨林作为栖息地，其生存状态与此前人类所经历的种种截然不同。在这个世界里，人类用巨鼠充饥，被龙蜥包围，而龙蜥又以大象为食。这条从亚洲大陆延伸到澳大利亚的岛屿链如今在人们眼中宛如天堂，然而在当年，它却是一片令人畏惧的恐怖之地。它远离非洲摇篮，是早期人类多样性的中心。

无尽的雨

对狩猎采集者而言，热带丛林从原则上讲并非是理想的栖息地。直立人祖先当年所做的第一件事是逃离雨林，然后才在非洲大草原上抬起头，成为拥有巨型大脑的肉食者，这一切并非毫无道理。由于雨林中的视野和行动空间狭小，尤其是没有条件让人从远距离之外，用扎枪、长矛或弓箭射杀猎物，技艺再高超的猎人在这里也难以施展。相反，对于潜在的猎物来说，它们在雨林中可以用各种办法躲藏起来，让人类的狩猎策略派不上用场。

在直立人的时代，巽他古陆大部分地区的自然环境与非洲相似，并为这些史前人类的生存提供了良好条件。直到这一地区被原始森林大面积覆盖，才为人类祖先的崛起铺平了道路

　　虽然说人类在雨林中并非完全无法生存，今天仍然零星存在的少数土著居民便证明了这一点，但在这些目前仅存的极少数人群当中，刀耕火种在很多时候仍然是在雨林中维系生存的无奈之选。当人类祖先最终征服东南亚原始森林时，他们尚不知农耕为何物，多半也不懂得刀耕火种。他们从一马平川的东亚大草原，一头闯入这片茫茫无际的原始丛林，只能努力让自己融入其中。但是，直立人显然并不具备这样的能力，直到智人出现后，人类才最终成为森林之王。[19]

在东南亚地区,很早便有古人类活动,对此我们早已有所认识。这里的考古发现虽为数不多,但其中的一处发现却是考古学最早的收获之一。1891年,欧仁·杜布瓦(Eugène Dubois)医生在当时荷兰殖民地、如今隶属印度尼西亚的爪哇岛,发掘出后来被称为爪哇人的遗迹。此后,考古学家直到35年前才在尼安德河谷发现了第一个在解剖学上与现代人最接近的古人类。

爪哇人生活在距今150万年左右的某个时间段,由于骨化石标本的状态欠佳,使得年代判定有可能存在较大误差。在爪哇人北边大约5000公里处,生活着另一个著名的东亚直立人种群——距今大约60万年的北京人。这一人群从非洲出发,沿着草原一路东进,直抵亚洲的太平洋沿岸地区。这次迁徙之旅在很大程度上得益于与其非洲基因相适应的丰富食物供给。换言之,北京人无须为适应环境做出特别的努力,便在遥远的东方顺利地安家落户。

爪哇人在这方面的情况如何,直到不久前仍然是一个未知的问题。东南亚虽然是如今世界人口最稠密的地区之一,然而在此之前,人类首先要经受热带雨林的考验,因为这个岛屿世界的大部分地区直到今天仍然为雨林所覆盖。假如说在爪哇人扩张的年代里,这一地区的自然条件也与此相类似,说明这群直立人对环境有着很强的适应能力。不久前,我们对此有了新的发现:和北京人一样,爪哇人的迁徙同样依赖熟悉的环境。与征服热带雨林的人类祖先不同的是,爪哇人的后代对大约10万年前环境条件的急剧变化完全无法适应。

2020年,耶拿马普进化人类学研究所与澳大利亚格里菲斯大学（Universität Griffith）合作，通过对东南亚土壤样本的生化分析得出结论：在爪哇直立人生活的年代，当地的自然环境与今天存在很大的差异：广阔的草原一直延伸到今天菲律宾的巽他群岛，草原上生活着各种巨型动物，包括已经灭绝的与大象有着血缘关系的剑齿象、不同种类的犀牛以及我们所熟悉的鬣狗。对于从非洲迁移而来的史前人类来说，这简直是天降神运。在短短几千年里，他们沿海岸线从阿拉伯半岛经印度次大陆一路来到今天的东南亚，在所有这些地区，他们所面对的生存环境都相差无几。

但是在某一天，直立人在远东的舒适生活走到了尽头：天开始下雨，而且无休无止。树木稀疏的草原变成了日渐茂密的森林，让直立人彻底迷失了方向。生物学分析显示，从这时起，树林渐渐取代了草地，在大约 10 万年前时形成了雨林。伴随着热带雨林的不断蔓延，原来生活在这里的动物大多陆续灭绝。直立人失去了肉食的来源，在原始森林中，显然也没有其他出路可供其选择。现代人的命运却与此大相径庭。他们从 10 万多年前开始离开非洲大草原，一路穿过东南亚原始森林，最终于 4 万年前抵达澳大利亚南部的蒙哥湖（Lake Mungo）。

矮小坚韧的霍比特人

在这片热带岛屿上，我们迄今还没有发现可以提取 DNA 并完成测序的古人类骨骼化石，这主要是由炎热潮湿的气候造成的。

但是就在不久前，考古学家却有一个奇特发现，它既不属于直立人也不属于智人，而是直到大约 6 万年前一直生活在这些热带岛屿上的一群特殊个体。这群人的遗骨化石于 2003 年在印度尼西亚弗洛勒斯岛（Insel Flores）被发现，并由此被命名为弗洛勒斯人（Homo floresiensis）。就在同一年，《指环王》第三部正在电影院上映。由于弗洛勒斯人与《指环王》三部曲中的重要角色霍比特人在身材上十分相似，所以被戏称为"霍比特人"。和电影中的角色一样，这些人身高最多只有 1.2 米，不过，他们的双足不像电影中霍比特人那样硕大而多毛，但却因此显得很特别：它们很像类人猿的脚。这说明，这些生活在史前时代的"霍比特人"有可能擅长攀爬，这在热带雨林中显然是一个巨大优势。

在弗洛勒斯岛以北近 3000 公里的菲律宾吕宋岛上，考古学家还发现了另一个史前人类群体，即吕宋人（Homo luzonensis）。这群人的身材与"霍比特人"一样矮小。2013 年在当地的一个巨大洞穴中，考古学家发掘出十几块吕宋人的骨骼和牙齿，但却无法从中提取出可供测序的 DNA 成分。因此，我们至今尚不清楚吕宋人到底是"霍比特人"的一部分，还是一个独立的人种。由于缺乏可以测序的 DNA，我们也不能完全排除二者都是南方丹尼索瓦人的分支。不过，最新 DNA 分析显示，至少就吕宋人而言，这种可能性的概率很大。2021 年 8 月发表的一篇研究报告称，吕宋岛原住民阿埃塔人（Aeta）身上的丹尼索瓦人 DNA 占比，比澳大利亚人大约高出 30%—40%。

"霍比特人"和吕宋人显然都在多巴火山大爆发后活了下来。

这一点并不令人奇怪，因为菲律宾北部和弗洛勒斯岛都在多巴火山约 2800 公里之外，比印度东部和越南之间的狭长地带离灾难发生地更远。因此我们完全可以想象，与这些生活在热带雨林的茂盛植被中的矮人们相比，火山灾难对亚洲丛林中现代人的生存环境所造成的破坏更严重。

碎裂的头骨

自从 2003 年发现"霍比特人"，人们一直被一个问题所困惑："霍比特人"是否就是现代人，仅仅因为患有某种疾病而导致体型出现了变化？也就是说，"霍比特人"也是我们的祖先之一，因遗传缺陷使得头骨明显偏小。与此相关的猜测主要是指向小头畸形症（Mikrozephalie），这种疾病会让患者的头部明显变小，同时往往伴随着智力障碍。后来人们又发掘出更多的"霍比特人"骨骸，检测结果发现，这些人的身高几乎相同。因此，如果说这几处考古遗迹都是来自现代人，他们又恰巧都患有同一种罕见的畸形症，这种巧合的可能性微乎其微，实在让人难以置信。

除了身材矮小和头骨的大致尺寸，人们对"霍比特人"的外形所知甚少。这与骨骼化石出土和复原过程中所经历的一段坎坷有关。在印度尼西亚两大考古研究机构的几轮激烈竞争之后，"霍比特人"的标本——一个近乎完整头骨和一块盆骨——在运送过程中发生了意外：这些脆弱的骨头碎成了几百块，再也无法复原。

骨盆已经完全没有希望恢复到原来的形状，头骨虽被重新黏合到一起，但效果十分勉强。修复后的下颚看上去更像是狗的鼻子，与"霍比特人"显然没有丝毫关系。因此，要想从解剖学角度来判断"霍比特人"的特性是更接近现代人还是丹尼索瓦人，事实上已无可能。不过，如今还有一线希望：如果在未来几年里能够发现更多包含着有价值的DNA成分的"霍比特人"遗骸，那么有关"霍比特人"起源的研究将重新成为可能。在上述头骨和盆骨出土之后，人们在弗洛勒斯岛上又发现了一些残骨。这些残骨同样显示，弗洛勒斯人在爬树方面十分擅长。这些线索基本上否定了这群人属于现代人或丹尼索瓦人的可能性。

即使在今天，"霍比特人"和吕宋人的栖息地也会给人留下深刻印象。发现吕宋人遗骨的卡劳洞穴（Callao Höhle）由几个规模巨大的洞穴组成，每个洞穴都足以容纳一座教堂，当地人也确曾在这里设立过一间祭祀室。除了游客和信徒之外，洞穴里如今还栖居着各种小动物，其中蝙蝠就有数十万只。在如此巨大的洞穴中，矮小的吕宋人理应比我们更容易迷路，但这并没有妨碍他们在此生活了几十万年。生活在东南亚热带雨林另一端的弗洛勒斯人对所处环境同样驾轻就熟，这种环境在很多地方都会让人联想起"霍比特人"的魔幻世界。

考古遗迹显示，在弗洛勒斯人的家乡弗洛勒斯岛，至少在100万年前就已经有人类居住。这些人可能是直立人，也可能是丹尼索瓦人或智人，他们都有可能在辗转迁徙的过程中来到过这里。这些登上弗洛勒斯岛的人，不论其属于哪个种群，都曾

吕宋人当年生活在巨大的洞穴里。如今在其中的一个洞穴中，当地教徒设立了一间祭祀室

成功进入华莱士区，而对于所有其他动植物物种来说，华莱士区都是一道无法逾越的屏障。在当时，弗洛勒斯岛并不是位于东南方的莎湖陆棚的一部分，而是一个岛屿，即使在冰河时期也是一样。或许正因为如此，这里的动物群落在当时地球上有人类居住的其他任何地方都找不出第二例。我们只需想象一下，一个身材矮小的"人类"如何在这样的环境下挣扎打拼，就会感到毛骨悚然。

直到今天，岛上仍然生活着许多海狸大小的老鼠。在"霍比特人"居住的山洞里，人们发现了不计其数的鼠类残骨，其身长大约有 1 米。这说明，当年"霍比特人"主要是以这种与自己几乎同样大小的老鼠为食。弗洛勒斯岛上比老鼠和人类体形略大的是侏儒象，这是迄今已知最小的剑齿象属，肩高约为 1.2 米，重达 300 公斤，如今早已灭绝。侏儒象除了被人类猎杀外，更多是被巨型蜥蜴捕食。

在这一地区的少数岛屿，今天还生活着科莫多巨蜥。这种以弗洛勒斯西边的科莫多岛（Insel Komodo）命名的巨蜥颇受游客的喜爱，可对当地人来说却是一大祸患。因为当地居民不时受到来自巨蜥的攻击，有时候甚至会危及生命。在英语中，这种濒临灭绝的巨蜥物种被称作科莫多龙（Komodo Dragon），并非毫无道理。因为这些爬行动物身长可达 3 米，从模样来看很像是不会飞的龙。而且它们还长有毒腺，可以让敏捷的猎物瞬间丧失反抗能力，然后再将其摔打至死，撕成碎片。

对死于科莫多龙之口的猎物来说，这是一种痛快的死法，另一种被科莫多龙捕杀的方式则要痛苦得多：当猎物被咬住后，除毒液之外，巨蜥唾液中的大量致命细菌同时进入猎物的血液，毒液和细菌的混合物往往要经过几天时间才会致命。科莫多龙可以用它分叉的舌头嗅到几公里以外毒性发作的猎物，然后尾随其后，直到其力竭倒地。对于"霍比特人"来说，科莫多龙是最可怕的对手，不过幸运的是，侏儒象由于肉多而成为科莫多巨蜥捕食的首选。

孤岛上的大小比例变化

从今天人类的视角来看，岛上的景观显得十分怪异。除了科莫多龙和侏儒象之外，这里还有高达 3 米的巨型鹳鸟。这一切颠覆了人们对各种动物大小比例关系的惯常认知。科学家从遗传学角度对此做出了解释：所有这些变化都是动物和人类通过进化来适应岛屿环境的表现。"霍比特人"的矮小体形，或许只是这一过程中出现的一种无法修复的偶发现象。从发生概率来讲，这些生活在岛上的人类居民也有可能是一群"巨人"。且不论"霍比特人"的祖先究竟是何时第一次踏上弗洛勒斯岛，他们在通过这一进化瓶颈时，体内显然携带有某种遗传基因上的特征，正是这种基因让整个种群变成了矮人。最初有可能只是原始"霍比特人"当中的某一个个体，在身高上比同伴们矮了几头，由于某些未知的原因，他的后代在生存竞争中反而多了几分优势。于是，此后出生的下一代变得更加矮小，由此代代相传。如果后来没有新的移民来到岛上，那么这一批初始移民便成为主宰岛屿数万年的"霍比特人"统治的基础。

弗洛勒斯岛上的动物之所以进化成这样，既可能是因为自身条件，也可能是受环境所迫。在世界其他地方，无论过去还是现在，老鼠的体形都比弗洛勒斯的老鼠小得多。一个可能的原因是，这种啮齿动物在岛上没有太多的天敌。大多数哺乳动物通常在性成熟之后便会停止生长发育，因为在到处都是危险天敌的情况下，体格小的个体有着明显优势。它们可以用更快的速度繁衍后代，

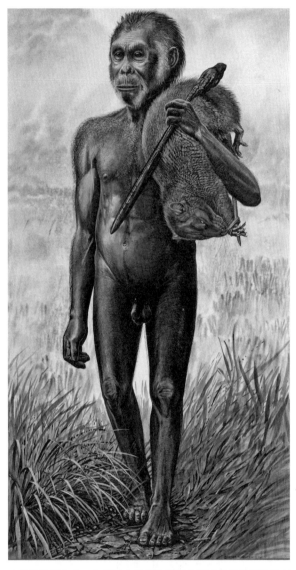

在弗洛勒斯岛上，身材矮小的弗洛勒斯人周围都是体形格外庞大的动物，例如连尾巴在内长达近 1 米的老鼠

以便在自己成为猎物之前，让整个种群的规模得以维持。这就是世界各地被人类和其他动物捕杀的老鼠往往个头很小，而繁殖速度却很快的原因。

与此不同的是，弗洛勒斯岛上的老鼠性成熟较晚，体形也因此更健硕，并成为激烈的繁殖竞争中的一项优势。这一优势显然强过了进化上的劣势，以免被作为天敌的"霍比特人"和巨蜥所淘汰。换句话说，与世界其他地方相比，亚洲的老鼠在弗洛勒斯岛上活得更悠闲，个头也变得越来越大。至于到后来，这些鼠类是否随着"霍比特人"的捕杀日益加剧发生了遗传漂变（genetische Drift），体形又重新变小，目前尚无定论。我们只能猜想，在"霍比特人"或其他人类到来之前，弗洛勒斯岛上的老鼠有可能更大。

■ 增大的极限

在岛屿上，体形增长的趋势当然不是无限度的，这取决于与进化相关的其他参数，尤其是食物供应。在一个孤岛上，可以供给哺乳动物的食物总是有限的，体形的增长必然会受到自然的限制，这一点在大象身上的表现比老鼠更加明显。如果岛上的大象都是正常大小，那么它们每天需要吃掉几百公斤的植物，这在弗洛勒斯这样的小岛上无疑会成为严重的问题，再茂盛的雨林也会最终被吃光。在这种情况下，尽早停止发育并繁衍后代明显更为有利，只有这样才能保证整个种群有足够多的食物。这就是弗洛勒斯岛的大象体形逐渐变小的原因。

　　与此相反，亚洲和非洲大象如果出现类似情况，将会是一场致命的灾难。首先，这里植被广袤，绿野无际；其次，任何体形缩小到野猫大小的象类，都会立刻成为受攻击的目标。对生活在荒野上的厚皮动物来说，庞大体形是阻止老虎和狮子攻击的最好保护。尽管弗洛勒斯象因体形矮小而沦为科莫多巨蜥的猎食对象，但"物竞天择"的进化法则在这里同样适用：最后胜出的必然是选择优势大于劣势的基因。

欧亚大陆只是副舞台

　　在遗传上的巧合、限制和机会的共同作用下，弗洛勒斯岛——或许也包括吕宋岛——呈现出极为特殊的岛屿环境。在自然条件并非有利于人类生存的环境下，这些只能以个头高出自己腰部、甚至更大的野兽作为主要食物的"霍比特人"，却能历经漫长岁月而不被灭绝，而且还显然处于食物链的上端，这又一次证明了人类在进化上的强大优势。与尼安德特人、丹尼索瓦人和直立人一样，"霍比特人"同样也依靠智力，发明出各种武器和狩猎方法，以弥补自身与其他食肉动物相比在体力上的明显劣势。然而正如我们所知，这也没能让他们撑到最后。大约 5 万年前，"霍比特人"从地球上彻底消失，吕宋人也是一样。我们虽然不知道这两种南海古人类的消失是否与我们的祖先有关，但有一点是肯定的：人类祖先到达这一地区的时间，正是在 4.5 万多年之前。而且，他们最终做到了此前所有古人类都没能做到的事：在热带雨林中长期扎根。

或许早在我们的祖先之前，丹尼索瓦人便已迈出了这一步。他们在该地区生活的时间是 2.5 万年之前，这一点从今天新几内亚居民 DNA 中携带的丹尼索瓦人基因可以得到证明。它是这群原住民身上除了东亚人共同基因之外的独有特征，而这种丹尼索瓦人基因显然是后来才得到的。近年的研究分析表明，我们的祖先很可能是在长达数千年的时间里，与丹尼索瓦人共享着这片广阔而富饶的栖息地。今天吸引着世界各地游客的东南亚神秘岛屿世界，堪称世界上最难逾越的天然屏障之一，然而对于人类这一物种来说，他们绝不会因此望而却步。在几万年里，东南亚生活着各种各样的人类种群，其种类之多在非洲以外的其他地区难得一见。始于巴厘岛和婆罗洲以东、止于新几内亚的华莱士区，当年是人类扩张的中央舞台，而欧亚大陆北部在很长时间里只是一个副舞台。

我们不知道"霍比特人"最初是如何来到弗洛勒斯岛的，但可以肯定是通过水路。因为即使在最寒冷的冰河期，两极和欧亚大陆的冰川也没有冻结住如此多的海水，以致整个东南亚岛链成为一个陆地链。据推测，"霍比特人"很可能和其他古人类一样，并不具备长距离游水的能力，而只能借助树干或简陋的木筏渡海。这无疑是一个艰巨的考验，特别是在巴厘岛的后方。根据不同时期的水位，横渡者至少要越过 20 公里的海面才能到达对岸。

这是一趟凶险的旅程。起码在今天，这些水域中危险的激流，已经成为巴厘岛上探险潜水项目的经营者用来招徕生意的招牌。参加潜水的顾客被抛入激流，以极快速度穿过珊瑚礁，在数公里后再被接上岸（不幸葬身水底的事故并不罕见）。可以想象，没有哪个原始人会纯粹为了探险而让自己落入这样的险境。"霍比特人"的祖先这样做，一定是因为在巽他群岛或其他岛屿上失去了栖身之地，或受到外来移民的挤压，比如丹尼索瓦人。不过，还有前文提到的另一种可能："霍比特人"本身就是丹尼索瓦人的一个分支，是这一古人类的一个微缩版本。但是由于缺少"霍比特人"的基因数据，所以这一切只能是猜测。

死亡地带——澳大利亚

我们只需想象一下石器时代的古人类移居到弗洛勒斯岛的整个过程，就会被这幅画面所震撼。但是，比这更令人震惊的是人类征服莎湖陆棚的壮举，即冰河期结束后形成今天新几内亚和澳大利亚的这块陆地。

目前我们尚不清楚，我们的祖先当时是从哪里下海，最终抵达了莎湖陆棚。其中一种可能是经过南线，即从苏门答腊岛经环太平洋火山带（Ring of fire）的巴厘岛、龙目岛、弗洛勒斯岛和帝汶岛等通向新几内亚的这条路线；另一种可能是通过北线，即从今天的婆罗洲（当时是巽他古陆的一部分）经过苏拉威西岛的线路。如今在学术界，多数人更倾向于北线，因为北线需要穿越的水域较少，而且岛屿之间的间隔相对较小，可以作为途中停留点。然而即便如此，这也绝非是一次悠闲的南海旅行。不知有多少人类先驱在走投无路而不得不去寻找新的狩猎采集地的过程中，不幸葬身海底或落入鱼腹。

成功登陆的幸运儿首先征服了莎湖陆棚的北部，即今天的新几内亚。第一批人类移民的后裔如今仍然生活在这个岛上。他们分成 300 多个不同的原住民群体，讲着 800 多种语言，许多人至今仍以狩猎和采集为生，或从事刀耕火种形式的原始农业。直到 20 世纪，还有少数土著保留着吃人的习俗。根据同时代人留下的文献资料，食人族吃掉同类主要是出于宗教崇拜的原因，目的是通过这种方式汲取蕴藏在敌人大脑中的能量。

我们的祖先向南方推进得愈深，生存条件就愈为险恶。赤道的热带湿润气候逐渐被极端干燥的气候所替代，在今天澳大利亚的大片地区，我们仍然可以感受到这样的气候变化。人类祖先在迁徙途中避开了澳大利亚中部的草原和沙漠，这一点在他们的后代——今天的澳大利亚原住民——基因中仍然有所体现。例如，澳大利亚原住民的线粒体 DNA，即通过母系遗传的基因片段，可以追溯到大约 4.5 万年前到达澳大利亚北部的一位女性共同祖先。今天原住民身上所携带的这种线粒体 DNA 在此之后发生了分裂，这个基因分裂的过程记述了当时人类历经数千年的移民历史，直到最后在澳大利亚大陆东南部的蒙哥湖畔落脚。据推测，这些人类先驱在澳大利亚的扩张是一个呈环状推进的过程：他们最先进入的是澳大利亚东部和西部的热带和温带地区；尽管也有人将足迹踏入澳大利亚中部的沙漠和大草原，但这些地方始终属于边缘地带，而没有出现固定的人类定居点。直至近代欧洲移民进入澳大利亚后，才将那些没有被赶尽杀绝的原住民驱赶到了"内陆"（Outback）。

澳大利亚特有的植物和动物群，至今仍然让游客流连忘返。然而对于最初来到这里的人类而言，这个世界却是危险丛生。在这片时而常年无雨，时而忽然间暴雨成灾的大陆上，各类物种的耐受力和韧性都在进化中得到了提升，尤其重要的是，它们学会了如何不使自己变成猎物。因此在澳大利亚，有毒蛇多于无毒蛇，还有毒蜘蛛、蝎子以及世界上唯一长有毒腺的哺乳动物——鸭嘴兽。对人类来说，海洋中的情形更是凶险，与剧毒的章鱼、石鱼、海黄蜂、箱形水母或锥形蜗牛相比，就连鲨鱼都算得上温和的动物。可以想象，第一批来到这个蛮荒之地的人大概巴不得能够回到东南亚，那里的动物虽然也不乏危险，但凶险程度和这里相比不值一提。

尽管如此，澳大利亚毕竟为人类提供了广阔的猎场。这里有世界上最大的食草类有袋动物——双门齿兽，身长足有两米，样子如同巨大的袋熊，体形比非洲和欧亚大陆的狮子还要庞大。澳大利亚的雷鸟也是如此，有些雷鸟的体重甚至在半吨以上，而以有袋动物和小型爬行动物为食的古巨蜥，重量更是超过了1吨。这些巨型动物的命运与世界其他地方一样，随着人类的出现一步步走向了灭绝。这一始于欧亚大陆的悲剧，在澳大利亚大陆上继续上演，甚至连中场休息都没有。

　　如今在东南亚岛屿上通过考古发现得到验证的一条人类学定理，在澳大利亚大陆上也再次得到体现：每当第一批人类工具出现后，大型动物群就会消失，只有非洲和南亚是个例外。人类的到来对澳大利亚的改变，远比 10 万年前将草原变成雨林的那场气候变化要剧烈得多。

与狼共舞

　　人类自从学会了思考，就把周围的动物世界分成了三类：一类是肉食来源，人类要把它们尽可能多地杀掉和吃掉；第二类是危险动物，对这些动物必须要远离或直接干掉；第三类是于人无害但不可食用的动物，可以容忍其存在，但如果它们给人类带来烦恼，也可以杀掉。我们的祖先把从欧亚大陆到澳大利亚的所有巨型动物全部灭绝，仅用了短短几千年时间。直到此后，他们才开始思考与动物相处的全新方式，即共存和利用。不过，这距离将野生动物驯化成为家畜仍有很长的路。有一点值得庆幸的是，人类对动物的驯化不是从东南亚起步，比如说尝试饲养巨鼠以获得鼠乳和鼠肉，而是在遥远的亚洲和欧洲北部，从驯养绵羊、山羊、奶牛和猪开始。在此之前，早在石器时代的欧亚大陆，有一种动物不仅已被人类成功驯化，而且还成为人类的忠诚伙伴，这就是狗。

　　今天，世界上共有 5 亿只家犬，其每日消耗的食物无以计数。

据一位美国研究人员几年前的计算，如果将美国人饲养的家犬组成一个国家，那么这个国家的肉类消费量将在全球所有国家中高居第5位。人类通过饲养狗——当然还有猫——大大增加了自身的资源消耗，而狗和猫除了给主人带来愉悦外，并没有任何特殊的用处。

猎人的情况则不同。对他们来说，狗通常不仅是家庭的一员，而且还是最重要的同事。狗可以帮助猎人发现、恐吓、追捕、甚至杀死野生动物。正是这种独特的能力，让人类和狼走到了一起。对人类来说，活着的狼比死掉的狼更有用，这就是家犬作为狼的后裔能够成为几乎所有动物中最优越存在的关键原因。当然在这里，我们暂且将由此带来的过度繁殖、宠物表演、在城市高楼中被长时间关在家中以及与家猫无休止争宠等问题抛开不谈。

人类究竟是在何处最早萌生了驯服狼的想法，并经过几代人的时间将其成功驯化，目前尚无定论。但据猜测，这个过程应该发生在欧亚大陆某个地方，时间很可能是在2万年到1.5万年之前。不过也有一些考古发现可以追溯到更早，并被一些科学家认定是驯化尝试的早期证据。例如，考古学家在西伯利亚的一个洞穴中发现了3.3万年前的犬类遗骨。尽管在同一时期也有人类生活在同一洞穴，但是这一发现并不能成为人狗共存的证据。对这些犬类遗骨的基因组测序显示，其DNA明显属于狼的谱系，而与今天的犬类没有任何基因关联。在比利时东部也有一处类似发现，时间距今约有3.2万年，发现地点与当时人类居住的洞穴相距不远。但经过基因检测分析，同样也没有发现与家犬相匹配的基因。

　　然而，这两处发现至少为研究者提示了这样的可能性：当时在欧亚大陆上，人类已经开始尝试与狼共处。而狼与家犬之间的明确基因联系，是在一具大约1.4万年前的四足动物骨骸上发现的。这只动物与男女主人一起下葬，地点在德国波恩附近的上卡塞尔（Oberkassel）。不过，根据遗传学家利用家犬基因组所进行的计算，今天所有犬类的最后一位共同祖先大约生活在2万年前。

　　犬类的遗传多样性非常低。据估计，初始种群的数量仅有几千只，或许只有几百只，今天的100多个犬类品种都是从这些"原始犬"繁衍而来。这导致了现代犬类在基因上的明显单一性。例如，任何两只德国牧羊犬在基因上都有一处共同点，而在人类身上，这种情况只有在一级亲属当中才会发生。正是这一原因导致德国牧羊犬这一犬种经常会出现遗传性髋关节发育不良的问题。

　　即便是今天的狼，其初始种群的规模也相对较小。今天的狼都是源自最早的1万只左右的个体，其最后的共同祖先生活在大约6万年前。狼的数量出现爆炸式增长，或许是发生在现代人到达欧洲后不久。在这一过程中，这些野兽纷纷闯入经过人类祖先清理的空间：原来被鬣狗盘踞的洞穴。人类渐渐接受了这些新的合居者，多半是因为狼与鬣狗不同，它们通常不主动骚扰人类，甘于以人类啃过的剩骨为食，而且还能对其他野兽产生恐吓作用，使其不敢靠近，比如说棕熊。随着人类的到来，棕熊在占据了原来洞熊的生存空间后，数量也开始大量增加。作为欧亚大陆被人类猎杀的巨型动物之一，棕熊大约在2.6万年前彻底灭绝。

　　人狼共舞的浪漫曲从此开始奏响，而迈出第一步的很可能是

关于早期犬类的最古老证据之一来自1.4万年前，在波恩附近的上卡塞尔出土。
欧亚大陆的狩猎采集者可能在很久之前就已开始驯服狼，将其变成狩猎的帮手

狼。狼有一点与人类十分相似：喜欢长距离奔跑，且奔跑的距离与人类相当。当我们的祖先外出捕猎、穷追猎物时，狼完全有能力一路跟随并撑到最后。当猎物被当场肢解后，这些饥饿的同伴便来分享被人类丢掉的残羹剩饭。追随人类捕猎的可能不仅有狼，而且还有鬣狗。然而对人类来说，鬣狗并不是安分和有用的伙伴，而更有可能是与其争抢猎物的竞争者。人类显然是经过多方面的考虑，决定杀掉鬣狗而留下狼。

驯服也是一种基因突变

人类在对狼进行驯化之初，一定是采用偷抢幼崽的办法。人类可能是在狼的幼崽断奶后将母狼杀掉，带回狼崽，由自己亲手饲养。在不同的地点和不同的时间，有过无数次这样的尝试，很多时候是以悲剧告终：对饲养者来说，悲剧的发生只是少数，比如被狼撕咬；而更多的悲剧是发生在那些攻击性强的野兽身上，一旦攻击主人，其结果必然是付出性命。经过一代又一代，最后活下来的都是性格温顺的个体。之后，它们再与同样乖巧的异性进行交配，交配对象有时候也可能是来自其他狩猎采集者部落。今天犬类的驯服性是在较短时间内培育出来的，据推测，这段时间只有几十年，而非几百年。一位苏联科学家通过一项驯养家狐的长期实验得出结论，驯顺的性格特征是一种基因属性。

1959 年，苏联遗传学家德米特里·别利亚耶夫（Dmitri

Beljajew）开始了他的大型实验。他想通过实验来了解，狼是如何变成狗的。他的研究假设是，狗对人类忠诚的性格特征是有意识的基因选择的结果。这一论点后来得到了确凿的证明。为了论证这一假设，别利亚耶夫用他在加拿大一家动物养殖场买来的一群银狐，进行了快速进化模拟实验。他从中挑选出不太怕人和不爱咬人的狐狸，让它们进行交配，然后再用诞下的后代一轮轮重复这一过程。

经过 10 到 20 代，这位科学家果真用这种方式成功培育出能够用摇尾巴和舔手等行为与科学家互动的小狐狸。同时，这些越来越驯顺的狐狸开始表现出讨人喜欢的外部特征，比如耷拉的耳朵、弯曲的尾巴和较短的嘴巴。当然，这些"可爱"的外貌特征并不是客观的，而显然是在驯化过程中得到了增强，目的是向那些谙熟进化的人类眼睛发出信号：这是一只听话的动物。因此，别利亚耶夫的实验也表明，动物与人类亲近的基因特性很可能与某些身体特征存在关联。

但是，这项实验的结果并不能完全排除一种可能性：接受驯化实验的狐狸的温顺表现，也可能是从母亲那里继承来的一种后天习性。为了彻底弄清这个问题，别利亚耶夫后来又用老鼠重复了这项实验，因为老鼠的世代更迭要短得多，更方便对遗传过程的观察。在老鼠试验中，研究人员同样是把好斗的老鼠与驯顺的老鼠分开，但不仅让同代老鼠中最驯服的个体相互交配，也让最好斗的老鼠彼此进行交配。其结果是出现了两个截然不同的老鼠种群，一种温顺乖巧，让进到西伯利亚实验室的访客觉得可爱；

而另一种则在笼子里冲着进来的客人嘶嘶吼叫，令人感到恐惧。假如没有笼子的话，它们很可能会扑到客人的脸上。另一个明显特点是，老鼠的行为并不随着社会化而改变。将驯服的小鼠在出生后交给有攻击性的母鼠，小鼠会依然保持驯服，反之亦然。因此，驯顺和富攻击性的特性必定是先天遗传，而不是后天习得的。别利亚耶夫如今已去世，但他的实验室仍在继续着狐狸驯养实验。

2006年，莱比锡进化人类学研究所的一个团队对这家俄罗斯实验室中不同类别的老鼠基因组进行了测序，并通过 DNA 分析对上述结论做出论证。结果表明，驯化过程中的突破性进展，即基因变异，是在最初 15 代内实现的；在大约 50 代之后，攻击性或驯服性老鼠的基因特征基本固定了下来。与人类亲近的老鼠通过人工培育丧失了自身的先天特性，其驯服性是从上代继承的一种基因变异。不过，在这些老鼠身上，究竟是哪些基因位点决定了这种性格，当时的科研人员还无法做出判断。

2018年，美国、俄罗斯和中国的研究人员又对别利亚耶夫驯养狐狸的基因组进行了观察分析，最终找出了对驯服性具有决定性作用的基因组片段。其中一个发现是 SorCS1 基因的一种变体，该变体在温顺的狐狸身上十分常见，而在"正常"、特别是具有攻击性的狐狸当中则很少出现。在此之前，人们一直没有把 SorCS1 基因与社会行为联系在一起，而是认为这种基因表现更多是与患有自闭症或阿尔茨海默病的人群有关。人们在此前的老鼠实验中发现，这一基因位点还对细胞中的信号传输有影响。这就意味着，带有特殊 SorCS2 基因变体的驯顺动物在遇到人类时，接收到的压力信号可能会有所减少。

　　同样值得一提的还有另一个意外发现：在特别具有攻击性的狐狸身上发现的基因变体，与人类的威廉斯氏综合征（Williams-Beuren-Syndrom）有关。不过，患有这种疾病的人并没有表现出更强的攻击性，而是表现为对待陌生人格外开放和友善的态度，以及超乎寻常的音乐天赋。威廉斯氏综合征是多处基因变异共同作用的结果，而不仅仅是源于在攻击性强的狐狸体内检测到的单一变体。

消失的信任感

　　动物在基因中携带的被驯化为家畜的遗传易感性，也为一个令人困惑的问题提供了解释：为什么在非洲从未出现过动物被人类驯化的现象，而在欧亚大陆却截然相反。后来遍布世界的各种家畜，无一不是来自欧亚大陆。非洲的狩猎采集者未能培育出某种犬类，在后来的漫长岁月里，非洲千姿百态的动物群落中也没有哪一种被驯化成家畜，无论是斑马、角马，还是种类繁多的野猫。由于基因突变的发生率对所有物种都是"公平"的，因此可以排除下述可能性：这种让野兽变得不太怕人的基因变异，偏巧没有出现在非洲的动物身上。更有可能的是，这些基因突变是随着时间，在与人类长达数十万年的共同进化过程中逐渐消失的。

　　早在直立人生活的时代，人类便已开始在非洲捕猎，在这样的环境下，性格温顺的动物根本不可能有生存的机会。只有那些在基因中对人类有着根深蒂固的恐惧、并因此与人类保持距离的动物，才能成为在演化过程中被选定的对象。当智力上的进化使得现代人具备驯化动物的能力时，为此所需的基因变异在非洲的动物世界里早已荡然无存。直到现代人到达欧亚大陆之后，才与携带着适合驯化的遗传物质的动物狭路相逢。因为在这里，丰富多彩的动物世界此前只是与零星的直立人、尼安德特人和丹尼索瓦人偶有接触。于是，现代人不仅在这里驯服了狼，后来还成功驯服了野牛、水牛和其他动物。

因此，狼的驯化和整个畜牧业的萌芽之所以都是发生在非洲以外，其主要原因之一很可能在于非洲动物的基因特性，虽然可以肯定，这并非唯一原因，而是多重因素共同作用的结果。[20] 狩猎采集者不可能在非洲完成向牧民的转化，因为这里的动物十分清楚，这种看似不起眼的两脚兽有着多么强大的杀伤力。当阿拉伯海对面的大陆终于向人类祖先敞开怀抱后，几乎未及反应，便成了人类的狩猎场。

但是，无论这片大陆如何广袤，也无法满足人类移民对肉食的无尽欲望。每一片被征服的土地都会诞生出更多的人，从而催生出更多对土地的欲求，如此循环往复，直至人类的足迹抵达世界尽头。当全球狩猎采集时代即将落幕时，不同种群的栖息地之间有时仅间隔几公里，捕猎时很容易彼此干扰。随着冰河时期的结束，人类在北半球的扩张迎来了新的繁荣期，与此同时，围绕生存地盘的争夺也不断加剧。在冰河时代末期，弓箭不仅被用于打猎，同时也成为同类相搏的武器。从这一时期的人类头骨上留下的箭孔以及遗骨上的其他搏斗痕迹，都可以清楚地看出这一点。

从这时起，狩猎采集者社会开始走向没落，世界的中心逐渐转移到赤道以北亚热带气候为主的狭长地带。那些后来陆续崛起、数千年长盛不衰的世界帝国，正是在这里奠定了基石。人类从此告别了狩猎采集阶段，开始了与自然力量的抗争，并在这一过程中把自身变成了自然力之一种。

第七章　精英之辈

一万五千年前，第一批狩猎采集者定居下来，

随着冰河期的结束，农耕时代拉开了序幕。

这是一条无法回头的荆棘之路，

一场席卷全球的革命。

人类和家畜的数量与日俱增。

巴芬湾

格陵兰海

距今 750

距今 8000 年

哈德逊湾

大　西　洋

距今 4000 年

墨西哥湾

加勒比海

距今 1800 年

■玉米
■豆类
■油梨
■南瓜
■棉花

距今 4000 年

■甘薯
■高粱
■棕榈油

几内亚湾

■羊驼
■豚鼠
■土豆
■辣椒
■番茄

距今 2

太　平　洋

0 　　　　3000 千米

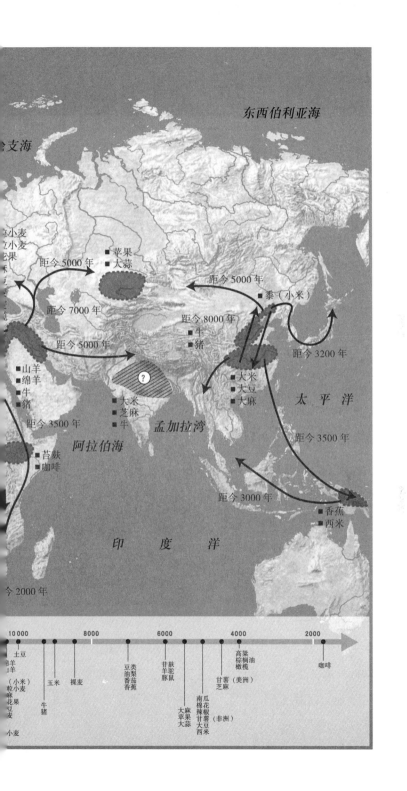

东西伯利亚海

令支海

距今 5000 年　■苹果
　　　　　　　　■大蒜

小麦
小麦
果

距今 5000 年　　　　　　■黍（小米）

距今 7000 年

距今 8000 年
　　■牛
　　■猪

距今 5000 年

距今 3200 年

■山羊
■绵羊
■牛
■猪

？

距今 3500 年

■大米
■芝麻
■牛

■大米
■大豆
■大麻

太 平 洋

孟加拉湾

阿拉伯海

■苔麸
■咖啡

距今 3500 年

距今 3000 年

印　度　洋

■香蕉
■西米

今 2000 年

10 000		8000		6000		4000		2000

土豆
羊
（小米）小麦
粒小麦花豆麦
小麦

牛猪

玉米

裸麦

豆类油梨番茄香蕉

麸羊驼
甘羊豚鼠

大麻苹果大蒜

南棉瓜
果桃花
甘椒辣
薯甘大
西

甘薯
芝麻

高粱
棕榈油
橄榄
（美洲）

（非洲）

咖啡

最早的面包师

在 1.5 万年前抵达欧亚大陆东部腹地之后，人类才又遇到了尚未被开发的大自然。他们穿过当时没有海水或冰雪覆盖的白令海峡进入新大陆，在那里定居下来，随后以创纪录的速度到达最南端的火地岛（Feuerland），并在北方建立了克洛维斯文化。在美洲大陆，人类再次与令人惊叹的动物世界相遇，然后像以往每一次一样，以麻利敏捷的手法将它们一一灭绝。这些动物中有 6 米长、3 吨重的巨型树懒；还有 2 吨重的雕齿兽，一种巨型犰狳；以及高达 3.5 米的骇鸟，模样很像不会飞的恐龙。在穿越白令海峡时，人类也把驯化的家犬带到了新大陆。这些曾经遍布阿兹特克人和玛雅人帝国的"土著"狗，如今已几乎绝迹。今天美洲饲养的犬类从基因血统来看，几乎全部来自跟随旧大陆移民来到这里的欧洲犬种。

随着石器时代对美洲的征服和当地大型动物的灭绝，全球最大的几块陆地都已被人类占据。人类进步的下一个萌芽出现在 1.5 万年前的高加索以南和近东地区，或许还包括北非。就在世界其他地方的狩猎采集者依然按照古老模式日复一日过活的时候，纳图夫人（Natufier）已经在黎凡特（Levante）南部，也就是今天以色列、黎巴嫩和约旦一带，修建起简陋的房屋，开始了定居式生活。虽然他们仍然还会去打猎和采撷，但已不再像原始人那样，整天风餐露宿地四处游荡。冰河期的消退带来了"新月沃土"的繁荣，这片土地从黎凡特南部越过安纳托利亚一直延伸至今天的伊朗，形状就像一枚新月。除了以传统方式采集的果实之外，人类的食单上又多了一些野生的谷物。我们的祖先把这些谷物加工成类似面包的食物，如果积攒的谷物足够多的话，或许还把它们酿成了酒。

这种行为与农耕没有太大关系，因为这里的人们并没有种植，至少还没有开始有意识地种植。人类还需相当长的时日，才会等来那一刻：某个聪明人有一天突然注意到，从口中吐出或落在地上的谷粒可以长出新的作物。与农耕式生活相关的最早考古学证据之一，是来自安纳托利亚的哥贝克力山丘（Göbekli Tepe），时间是大约 1.1 万年前。

在"新月沃土"以西约 4000 公里，即今天的摩洛哥，也出现了类似的现象。在摩洛哥东北部塔弗拉尔特（Taforalt）附近的鸽子洞穴中，考古学家找到了来自 1.5 万年前、迄今最古老的非洲狩猎采集者基因组。在洞内厚达数米的岩层中，人们迄今共发现了 35 个现代人个体的遗骸，这是证明人类在非洲东北部长期群居生活的又一个证据。而且，那块距今 30 万年的杰贝尔依罗智人头骨也出土于同一地区。由于这种文化与欧洲狩猎采集者具有相似的特征，因此考古学家长期以来一直认为，北非人与欧洲人之间很可能存在基因上的关系，也就是说，欧洲人有可能是从伊比利亚半岛穿过直布罗陀海峡，来到了北非地区。为此，考古学家将大约 2 万至 1 万年前在非洲北部繁荣一时的石器时代文化，称作伊比利毛利文化（Ibéromaurusien）。

如今这个概念已被普遍接受，但它却具有误导性，而且还透着一股在考古学界长期占据主导的欧洲中心主义意味。因为很显然，人类在石器时代从未穿越过直布罗陀海峡，无论从欧洲到非洲，还是相反方向。研究人员在对鸽子洞穴发现的 1.5 万年前古人类基因进行测序时，没有发现丝毫欧洲人的基因痕迹。在这群人的基因组当中，有大约一半的 DNA 可以追溯到撒哈拉以南的早期人类，另一半的来源目前尚未确定，但已知的是，纳图夫人身上也携带着同样的基因成分。

由此可以判断，伊比利毛利人[21]和纳图夫人在基因上很可能存在关联，至少从文化来看，这两个人群明显有着许多共同点。例如，我们发现，伊比利毛利人在 1.5 万年前也出现了定居生活的早期迹象：他们制作了面粉，而且很可能也烤出了面包。不过他们使用的不是谷物，而是开心果和杏仁磨成的粉；其中也许还有橡子，生长在南半球的一些橡树果实并没有苦味，就像普通坚果一样，可以食用。另外，考古学家还发现伊比利毛利人与纳图夫人在其他方面也有明显的相似之处，例如首饰和工具的制作。

■ 东方的秘密

从器物的制造年代来看，伊比利毛利人比纳图夫人要早几千年，但是这两个人群之间的基因联系却不能用人类从摩洛哥迁徙到"新月沃土"的可能性来解释，因为那样的话，在纳图夫人身上也应该能够找到伊比利毛利人所携带的撒哈拉以南人类的基因成分。但事实并非如此，而是相反。伊比利毛利人身上携带着完整的纳图夫人 DNA，它是这一人群的基因组中除了撒哈拉以南 DNA 成分之外的另一半。另一个可以想到的解释是，这是纳图夫人带着自身基因自东向西迁徙的结果，不过从时间线来看，这种解释很难成立。因为纳图夫人的文化是在伊比利毛利文化诞生很久后才出现的，因此他们不可能是后者的祖先。这两种文化之间的基因桥头堡一定是在其他某个地方。

还有一种可能性，可以将这些遗传学和考古学发现更好地结合在一起。我们不妨假设如下的情景：纳图夫人的祖先最早生活在摩洛哥和以色列之间的某个地方，后来逐渐开始向西和向东迁移。在东部，他们来到了冰河期后几乎没有人烟的"新月沃土"，然后在那里扎根繁衍，没有与任何其他人群发生杂交；在西部，他们则遇到了非洲的狩猎采集者，或许是人们所说的阿泰尔人（Atérien）。阿泰尔文化是一种原始狩猎文化，从地域分布来看是在今天摩洛哥和阿尔及利亚一带，时间上早于伊比利毛利文化。

所有这一切同时也表明，神秘的基底欧亚人的生存地也有可能是在北非，比如说富饶肥沃的埃及。纳图夫人有一半是他们的后代，随着农耕文化的传播，其 DNA 后来又传到欧洲。尽管人们迄今没有在埃及发现一处这一时期的人类遗迹，但这很容易解释：在尼罗河三角洲厚达数米的沉积层下，几乎不可能通过考古发掘找到任何线索。但是，这些推测并不能改变一点：我们虽然知道，基底欧亚人后来与现代人和尼安德特人的混血儿结合并形成了纳图夫人，可是基底欧亚人最初的栖息地究竟是在何处，仍然是一个未解之谜。它可能是在摩洛哥以东到伊朗的任何一处，从埃及到阿拉伯半岛的这片地区可能性更大。这种情况对纳图夫人来说同样适用：这群人的起源也可能是在这片辽阔地域的某一处——既可能是在非洲之内，也可能在非洲之外。

白皮肤的人

随着冰河期结束，农耕文化开始日渐兴旺。当然，农业的兴起并非一朝一夕之事，而是人类通过摸索缓慢向其靠近。气温的升高使得多种谷物的种植成为可能，其中包括原始小麦和大麦。但与同一时期在近东仍然活跃的狩猎采集者社会相比，农耕文化并没有显出优势，而是恰恰相反。这是因为定居生活需要投入聚居点的全部劳动力，而且洪涝与干旱风险始终存在，不仅危及当季的收成，而且还影响下一年的播种。从此，这一关乎生存的威胁就像达摩克利斯之剑一样，始终悬在所有以农耕为生的人类头上。此外，农耕生活几乎不可避免地带来了营养不良的问题。其关键在于，早期的农耕者并没有饲养牲畜，几个世纪后人们开始饲养牲畜时，主要用途也是为了产奶。通常情况下，只有当牲畜不能再满足这一需求时，才会被宰杀。这样一来，就导致人类生存所必需的营养出现了匮乏。

但是在这时候，即使人类重新回到狩猎社会，也已无法让自身在几万年进化中形成的肉食需求得到满足：他们既没有时间来完成转型，而且经过几代人的农耕生活之后，他们的狩猎技术也已荒疏，人类与自然之间的天然联系不复存在。但是，农耕文化当然也有它的优势，不然也不可能在全世界生根开花。辛勤劳作总能换来足够的食物，食物的种类大体上也可以事先规划。此外，农耕生活还免去了狩猎的奔波之苦，而且还有挡风遮雨的屋檐可供人憩息。

未来的可规划性、固定的住所和安稳的生计，这些因素至今仍是大多数人组建家庭的最重要条件。当年近东地区的农耕者也是如此。随着人口的日益增长，他们需要不断开辟新的土地、新的定居点和牧场。这些农耕者便以"新月沃土"为起点，开始向四面八方推进。他们不仅改变了欧亚大陆大部分地区人类的基因结构，连非洲也不例外。此后，农耕文化也在世界其他地区陆续兴起，并且自成一体，各显千秋。农耕者所到之处，捕猎文化都被彻底取代。面对这种全新生存方式的诱惑，后者显然没有足够的抵抗力。

随着农业萌芽而开启的新石器时代，其标志性技术是陶器制作。这些陶制器皿通常用于烹饪、饮食和储存等。当时，人类已

欧洲狩猎采集者的皮肤颜色可能比后来移民到这里的农耕者要深得多。从尼安德特人那里继承的色素基因究竟使我们祖先的肤色变得更深还是更浅，目前还是一个谜

有不少东西需要储存，因为在新的气候环境下，丰沛的雨水和充足的日照为农业丰收创造了理想条件。此外，丰富的动物种类也为人类驯化牲畜提供了绝佳的"实验对象"：大约于1万年前开始被驯化的绵羊、山羊、猪、牛等野生物种，全部都生活在这片"新月沃土"之上。这些农耕者在拥有新石器时代的工具并掌握了各种谷物种植知识之后，虽然其流动性远不及地球其他地区的狩猎采集社会，但在征服自然方面却有着不可企及的优势。

农耕文化的蓬勃力量，最早在欧洲得到了充分展现。大约8000年前，新石器时代的人类开始从安纳托利亚出发，向四面扩散。他们先是在巴尔干半岛定居，然后沿多瑙河和地中海来到中欧、西欧和南欧土地最肥沃的地区，最后在大约6000年前到达斯堪的纳维亚半岛和不列颠群岛。在扩张过程中，狩猎采集者原先的肤色渐渐消失，彻底让位于农耕移民的浅色皮肤。肤色变浅与农耕者的饮食结构，特别是肉类的缺乏有关。这种肤色变化是从新石器时代生活方式在近东兴起开始的，最终蔓延到整个北半球并不断得到强化。浅色皮肤实际上是由几种基因突变造成的，其原因有可能在于，只有这样才能让人类通过皮肤吸收足够的阳光，产生足够的维生素D。维生素D对维系生存、延长寿命不可或缺，而寿命长就能生育更多的后代，并将这些基因突变一代代传续下去。狩猎采集者则不必如此大费周折，他们可以通过食用大量肉类和鱼类获取充足的维生素D。

但是，在撒哈拉以南的非洲地区，情况却截然不同。与中美洲和南美洲一样，即使在农耕文化兴起后，浅色皮肤在这里也没

从狩猎社会向农耕社会的过渡是一个艰辛的过程，并且往往伴随着营养不良。尽管如此，农耕文化依然势不可挡，并最终征服了整个地球

能获得进化上的优势。这是因为当地日照十分强烈，即使没有这些基因突变，人体也能得到生成维生素 D 所需的充足日晒。在赤道沿线，从非洲、东南亚一直到美洲，虽然农业生活方式也得到了普及或已经起步，我们祖先的原始肤色却在很大程度上得到了保留。

占尽优势的新移民

农耕者不仅朝着西北方向一路挺进来到欧洲，而且还将足迹踏入非洲，甚至直抵这片广袤大陆的最南端。在东方，新石器时代革命最远传到了印度次大陆，在北方则越过高加索山脉，一路传播到欧亚大草原。这个扩张过程早已通过考古发掘得到了证实，在过去几年里，各种遗传学数据就这场扩张的具体方式，为我们呈现出一幅更加完整的图像。

在此之前，学术界一直为一个问题争论不休，而始终没有找到答案。这个问题是：新石器时代的兴起究竟是一种文化的胜利，还是新石器时代人类的胜利，特别是在欧洲。换言之，是欧洲的狩猎采集者把定居式生活这一理念作为外来文化主动接受了下来，还是受到这些近邻的排挤，最终丢掉了地盘？基因研究得出的数据对此给出了清晰的答案：欧洲的狩猎采集者是被强者碾压并排挤出局，而这前后过程仅有短短几百年。研究显示，新石器时代扩张之前就生活在欧洲的原住民，其基因结构与随着农耕文化一起到来的移民有着明显不同。研究人员在后者的骨骼中，找到了与当时安纳托利亚居民相同的 DNA 成分。

正如人类祖先当初在欧洲夺走尼安德特人的地盘、在亚洲占据丹尼索瓦人的领地一样，我们同样无法说清，第一批农耕者来到这片土地后，其最初的扩张过程到底具有多强的攻击性。但是，这些新移民的生存方式以及由此带来的繁育更多后代的能力，都让我们有理由猜测，他们与狩猎采集者相比，至少在数量上拥有与日俱增的优势。然而，这并不意味着对狩猎采集者的排挤必然会导致灭绝的结局，因为后者面对威胁，可以选择向欧洲北部等土地相对贫瘠的地区转移。基因研究的结果确实也指向了这一方向。在今天斯堪的纳维亚人以及波罗的海人的身上，狩猎采集者的 DNA 特征最为明显，其比例与农耕者基因大体相当。而在德国中部和法国以南的土地肥沃地区，距离新石器时代革命的发源地越近，当地居民所携带的狩猎采集者基因就越少。[22] 在欧洲，原住民与新移民混居的阶段持续了近 2000 年，在如此漫长的岁月里，本土狩猎采集者与安纳托利亚移民的后代显然都在尽量做到井水不犯河水。

准确地讲，近东地区出现过两次新石器时代革命。它们发生在同一时间，但却彼此无关，各自独立。这一点也让我们再次看到，随着冰河时代的结束，这片土地变得多么肥沃。除了安纳托利亚和黎凡特的农耕革命之外，还诞生了伊朗新石器文化（Iranian Neolithic Culture）。顾名思义，这种文化起源于今天的伊朗。其成员虽然与安纳托利亚人是近邻，但在基因上却与后者有着明显差异。据推测，这两个人群在此前的数万年时间里，被一道不可逾越的屏障——比如冰封的雪山或者是沙漠——隔在了两边，否则他们之间的基因差异就无从解释。伊朗农耕者的基因在今天人类的基因组中仍然可以找到，其范围一直延伸到印度北部。但是，这些基因究竟是何时以及经由哪条路线到达那里的，目前还没有一个最终的解释。

这是因为，印度次大陆的新石器文化到底是自发产生，还是从伊朗通过今天的阿富汗和巴基斯坦传播而来，学术界迄今仍然观点不一。对古人类 DNA 的最新研究显示，印度次大陆的新石器时代确有可能是独立发展的结果。不过，可以肯定的是，伊朗人的基因在当时已经越过高加索山脉，传播到了欧亚草原。在这一地区，外来移民与本地狩猎采集者发生了杂交。在由此生成的混血种群中，后来诞生了亚姆纳文化（Jamnaja-Kultur）。[23]

有充分的理由说明，农耕者的扩张最初是沿着大致相同的纬度展开的，而不像以往的狩猎采集者那样，一路挺进到北西伯利亚的偏远之地。在新石器文化传播的地区，气候条件与发源地没有太大的差异。德国中部距离安纳托利亚以北仅有 1000 公里，高加索地区则更近。除土壤条件以外，地理纬度是新石器文化成功扩张的最重要因素之一。因为这些远离故土的农耕者只有成功栽培出随身携带的已经驯化的作物，才能在新家园真正立足。假如在温度、土壤、降水和季节变化等方面存在明显差异，这些外来农作物几乎无法存活。欧洲的情形显然不是这样：在这片冰河时期形成的黄土地上，外来的小麦和大麦"先祖"长得格外茂盛。

对于那些在高加索山脉与印度北部——假如后者当时确是农耕者拓荒的目的地——之间辗转迁徙的伊朗新石器时代人类来说，情况也不例外。

与外界隔绝的古埃及人

对热衷于扩张的近东农耕者来说，欧亚大陆大部分地区的条件都可谓天时地利。另外，我们也不应感到奇怪，这群人为何还将目光瞄准了非洲的地中海南岸一带。大约1万年前撒哈拉沙漠出现植被之后，这里的气候条件对农耕来说也十分理想。从地中海南岸一直到今天的摩洛哥，整条通道都向这些新移民完全敞开。因此在今天，"新月沃土"的DNA已经成为连接欧洲人和北非人的一架基因桥梁。

不过，新石器时代移民在遗传上对该地区的影响究竟有多大，我们很难做出判断。因为纳图夫人的发源地很可能就在这一地区，至少在西奈半岛上，人们已经通过考古发掘找到了这群人的痕迹。移民到北非的农耕者，身上也携带着与其相同的DNA。由于缺少可供测序的古DNA标本，我们几乎无从判断哪些基因成分是在大约7000年前从近东带到北非的，还有哪些之前在当地就已存在。此外，这些新石器时代的移民是否也像在欧洲一样，把身为原住民的狩猎采集者统统挤出了原来的地盘？由于现有的遗传数据少得可怜，我们也无法得出确切答案。

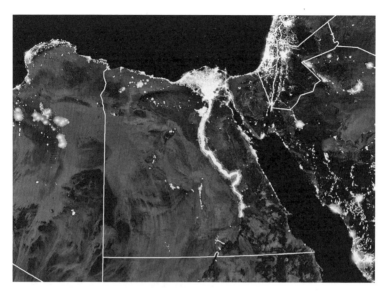

在新石器时代初期，尼罗河三角洲是地球上最肥沃的地区之一。即使在今天，埃及北部的人口密度在世界范围内也极为罕见。这种现象甚至可以从太空中观察到：尼罗河三角洲夜晚的灯光显得格外明亮

位于今天埃及的尼罗河三角洲，是非洲北部首屈一指的农业中心。虽然整个三角洲的面积还不及比利时，但人口却是比利时的 6 倍。在这片极其肥沃的谷地，生活着大约 6000 万埃及人，是世界人口最稠密的地区之一。这里的农耕条件自古以来便得天独厚，在新石器时代初期，很可能比欧洲更胜一筹。

埃及现存最古老的 DNA 来自世人皆知的木乃伊。2017 年，科学家对近百个标本中提取的线粒体 DNA 进行了测序，其中有三个甚至是全基因组。测序对象的生存年代大约是在 3400 到 1500 年之前，埋葬地点都在今天埃及中部城镇阿布西尔梅莱克（Abusir el-Meleq）。

这些样本的保存状态十分理想，仿佛是专为后人研究而特意准备。这主要是因为古埃及在罗马统治之前一直是采用木乃伊的墓葬方式，甚至不少狗、猫和其他家畜也以这种方式下葬。这些用于DNA测序的个体所处的跨度长达近2000年的时间段，正值古埃及文明的全盛期，即新王国时期。在此期间，古埃及经历过不同的外族统治，例如努比亚人、亚述人、希腊人和罗马人等。令人惊讶的是，在这些木乃伊样本中，研究者没有发现一个携有其他地区的基因。而且，与1.5万年前生活在北非的伊比利毛利人不同，这些样本中也没有检测到来自撒哈拉以南的DNA成分。由此可见，古埃及一直到进入鼎盛期都没有来自非洲大陆南部的基因流。至少在目前的检测样本中，科学家没有任何发现。

今天生活在埃及的人群，情况则完全不同：这些人身上携有约20%撒哈拉以南地区的DNA成分。这一最早始于古代晚期的基因流动，很可能是移民的大量涌入或是与南方贸易的兴盛所致。另一个可能的原因是7世纪埃及阿拉伯移民所从事的贩卖奴隶活动。当年，奴隶买卖在埃及猖獗一时，据估计，大约有600至700万人从非洲南部被贩运到北非。

牧民的提升

历史上，撒哈拉沙漠一直是阻断非洲东部南北之间基因流动的屏障，于是尼罗河便成为贯通南北的唯一通道。在以欧亚大陆为目标的大迁徙时代，非洲的狩猎采集者由于缺乏食物来源而始终无法穿越东非这块贫瘠之地。而如今，来自黎凡特的农耕者有了一个好办法——放牧（Pastoralismus）。这是一种特殊的畜牧形式：当天然牧草和灌木被家畜吃掉后，牧民便赶着牲畜更换牧场。这些来自近东的人群大约从 4000 年前开始，就这样带着他们的绵羊和山羊，沿着尼罗河和非洲大裂谷一路穿过今天的苏丹，进入埃塞俄比亚。与北非发生的情况不同，这些新移民并没有把当地的狩猎采集者挤出原来的地盘。在外来移民进入后不久，当地居民中的游牧民基因只占大约 20%。

欧亚农耕者主要是以安纳托利亚培育出来的谷物作为生活来源，而这些游牧者则不同。由于向南迁徙时要跨越多个纬度和气候区，无法将祖先驯化的谷物带到非洲，因此在这一人群中，种植业作为经济支柱的角色不复存在。牧民依靠的是他们带到非洲的乖巧家畜。因为放牧在一定程度上也是流动的，因此它与狩猎采集模式是一种平等的关系，而没有形成对狩猎采集者的挤压。新移民从事农耕的唯一地区是埃塞俄比亚高原，在这里驯化的苔麸（Teff），一种不含麸质的谷物，至今在世界很多地方仍然深受欢迎。

这些游牧者的足迹一路到达非洲南部，其遗传特征今天在该地区的很多族群中都能找到，其中包括主要生活在纳米比亚、南非、博茨瓦纳和安哥拉的科伊桑人（Khoisan）。科伊桑人的部分祖先很早便从现代人脉系中分离出来，时间大约是在 20 多万年前，比现存的任何一个族群都要早。在 1500 年前，他们与来自北方的牧民相融合，在今天科伊桑人基因中，牧民的基因占比约为 10%。科伊桑人在外貌表型上与相邻的其他族群明显不同，比如他们的肤色总体略浅。不过这种特征未必一定是来自近东，其他多数南非人的肤色之所以偏深，更多是源自另一场新石器时代的革命：班图人（Bantu）的扩张。

班图人扩张始于大约 4500 年前的西非，即今天尼日利亚和喀麦隆所在的地域。与来自近东的新石器时代人类不同，班图人的优势在于，他们大致是沿着同一纬度迁移，因此可以把以根茎作物为主的种植技术带到新的地方。大约 4000 到 3000 年前，班图人越过乌干达高原和苏丹南部地区，来到非洲东部。在这里，他们与早前来自近东的牧民相遇，并主动借鉴了后者的做法，带着驯化后既可产奶又可充当肉食的家畜，穿越大草原，最终作为经验丰富的牧民兼农耕者进入到非洲南部。

班图语支共有约 500 种语言，使用人数近两亿，是今天整个非洲南部的主要语言。科伊桑语虽然在西南部保留了下来，但已被边缘化。班图人从西非带来的基因特征，在今天非洲南部人群的身上表现得十分明显。由此可以判断，班图人的农耕文化在当地占有绝对的强势地位，这与之前安纳托利亚人在欧洲的处境相似。研究人员根据对今天非洲南部居民的基因分析推测，班图人的扩张主要是以男性为主，这一点从基因组中与性别相关的特异 DNA 片段便可看出。由男性遗传的 Y 染色体几乎全部是由班图人带到该地区的，而由母系遗传的线粒体 DNA 则大多来自当地的女性狩猎采集者。换句话说，外来的农耕男子与当地妇女结合生子，而男性狩猎采集者则没有或十分罕见。暴力在这方面究竟起到了怎样的作用，我们无法根据遗传数据做出判断，但放弃繁衍后代想必不会是男性原住民的主动选择。

考古遗传学版图上的一个盲点是刚果地区。这与当地复杂的政治形势有很大关系，频发不断的武装冲突则使环境变得更加恶劣。一直以来，人们几乎无法得到该地区的任何考古学样本。此外，潮湿的热带气候条件对于骨骼中 DNA 成分的保存也十分不利。不过近年来，研究人员对一些为数不多的古 DNA 标本进行了测序分析，其结果显示：在这个大部分被雨林覆盖的地区，狩猎采集者并没有被农耕者淘汰，就连今天仍然生活在雨林中的狩猎部落，在基因构成上也明显不同于班图人。哈扎人（Hadza）——坦桑尼亚北部的一支仅有大约 1000 人的狩猎采集者部落——与此情况相似，这些人身上迄今仍携带着非洲原始基因的混合体。而在班图人分布的几乎所有其他地方，古代非洲狩猎采集者的 DNA 都已消失殆尽。

但是，在 4000 年前的东非人身上还明显存在的近东游牧者基因，在后来几千年里也被大大稀释，这些基因特征几乎全部被大批涌入的班图人所取代。于是出现了一个吊诡的现象：南部非洲的科伊桑人——前面已经说过，他们当中的一部分人本身就是近东移民的后裔——在基因上比受到班图人扩张影响的东非人更接近安纳托利亚人。也就是说，早在 17 世纪第一批欧洲人占领南部非洲之前很久，在这个地球上最古老的人类种群中，就已经出现了非洲以外输入的基因痕迹。

经久不衰的华夏文明

在非洲，人类在长达数十万年的时间里一直与其他动物协同进化，因此这里的环境对驯化家畜来说明显不利，这使得当地新石器时代人群在新石器文化的竞赛中处于明显劣势。远东的情况则截然不同。在这里，农业的萌芽虽然在时间上比"新月沃土"略晚，但很快便以蓬勃的势头迅速兴起。在今天中国所在的地域，新石器时代革命最初也是从谷物种植开始的。与两河流域一样，中国北方的黄河流域和南方的长江流域是全世界土地最肥沃的地区之一，直到今天依然如此。在黄河流域，新石器时代革命是大约1万年前从驯化和培育黍粟开始的。大约在同一时间，南方开始培植水稻。在短短几百年里，两条河流的沿岸便出现了密集的人类聚居点。

中国农耕文化的发展与"新月沃土"还有一些相似之处：在"新月沃土"，两个不同的狩猎采集人群比邻而居，在同一时间掌握了农耕知识；同样，中国新石器时代早期生活在黄河和长江流域的两个人群在基因上也有着明显差异，虽然不像近东那样明显。而且，他们与之前生活在各自地域的狩猎采集者也都有着基因上的传承关系。后一点同时也意味着，中国的新石器文化是一种本土发明。

无论是北方还是南方的农耕者，似乎都没有获得绝对优势，因为两者之间一直保持着均匀和双向的基因流，这种基因流动并没有导致基因替代。这两个群体很可能是以和平方式彼此相处，并与对方进行商品交换。不论实际情况如何，谷子后来确实是从北方传到了南方，而大米则从南方传播到北方，这一点已经通过考古发现得到了证实。[24]

经过漫长的以素食为主的生活以及由此导致的营养缺乏的阶段后，人类开始进入家畜驯化的时期。当时东亚地区没有绵羊和山羊，但有大量的猪和水牛。最迟于9000年前被驯化的猪和水牛，成为中国农耕者最重要的家庭财产之一。另外还有一种如今在地球上被人类吃得最多的家畜（禽），也是起源于东南亚，它就是从这个地区今天仍然存在的原鸡驯化而来的家鸡。

与地中海区域一样，肥沃的华夏大地——特别是今天中国人口最密集的东南部地区——为文明崛起和文化繁荣提供了理想的条件。这些条件最终转化为现实。继地中海周边地区在公元前1000年当中诞生出一连串高度发达的文化之后，从大约2300年前起，华夏文明也展现出灿烂光彩。古希腊人、古埃及人和罗马人的帝国后来相继衰落，然而中国却从大约2200年前的第一个皇朝开始，直到20世纪初末代皇帝倒台，令人惊讶地保持着稳定。虽然在这两千多年里，中国也经历过多次文化上的冲击和变革，但华夏文明却并未因此衰败。打个比方，这就相当于罗马帝国或法老统治的古埃及帝国到今天仍然存在。中华文明的这种持久性也反映在今天占人口90%以上的汉族人的基因上。大多数汉族人的基因都可以追溯到中国最早的新石器时代人群，即中原与华东地区的早期居民。

这种基因上的连续性与环绕中国的自然边界有着很大关系，这些边界给来自欧亚大陆其他地区的移民涌入造成了困难。例如，中国西部和南部的戈壁沙漠和喜马拉雅山脉几乎是两道无法逾越的屏障，将华夏大地与外部世界分隔开来，同时也使得中国的新石器文化无法很快地向西推进。余下的唯一通道只有北方的草原，可那里气候又过于寒冷。让东亚新石器时代人类走向世界，并通过一场或许是人类历史上最为惊险的移民潮将自身基因播撒到半个地球的那道大门，是在中国东部的太平洋海岸。

热衷生意的美洲人

由此可见，非洲和欧亚大陆的新石器时代革命是以大规模迁徙和排挤为特征，在这一过程中，强势的农耕者始终占据着主动。安纳托利亚人以这种方式塑造了欧洲、近东和南非部分地区的人类基因结构。伊朗新石器时代的人类一路东进，远至印度，并在亚洲大草原立足安家。班图人的基因在今天几乎整个非洲南部拥有绝对的优势。在中国的辽阔疆域里，每一片肥沃的土地都可以见到农耕者的足迹。美洲的新石器革命则全然不同。冰河时期结束后，美洲与世界其他地区处于隔绝状态。在这里，新石器时代的开启并没有伴随着因农耕者迁徙而导致的基因改变。也就是说，今天北美和南美原住民的后代在基因结构上，与大约 1.2 万年前生活在这里的人类没有太大的分别。

据猜测，美洲人在 6000 年前开始在今天墨西哥北部和落基山脉南部培植一种不起眼的野生谷物——大刍草（Teosinte）。原始

大刍草（上）、玉米与大刍草的杂交品种（中）和现代玉米（下）的对比图。据推测，人类大约从 6000 多年前开始尝试从大刍草驯化和培植玉米

大刍草今天仍然存在，其特点是植株十分矮小，结出的穗子上只有不多的几个颗粒。大约 3000 年前，美洲人就是用它培育出了今天的玉米。玉米是当今世界上种植最广的三种谷类作物之一，另外两种是源于"新月沃土"的小麦和出自中国的水稻。番茄作为最常见的蔬菜品种之一，同样发源于美洲，全球每年总产量达两亿吨。另一种源自美洲的食物——马铃薯，更是给近代欧洲的食品供应提供了前所未有的保障。然而，亲手培育出这些作物的美洲原住民，却并没有因此获得相应的强势地位，这实在令人费解。

一个容易想到的解释是，北美和南美呈南北方向延伸，纬度上的巨大跨度给农耕者造成了困难，使得他们很难带着新石器时代的作物，在气候条件完全不同的地方开拓新的地盘。但事实上，新石器时代革命之后，玉米以及马铃薯、番茄和各种豆类植物迅速传播到整个南美洲，由此可见，气候带的不同并没有对这些强壮的作物形成阻碍。而且，南北两块陆地之间也不存在太大的天然屏障，正如我们所知，当最早的狩猎采集者移居美洲之后，很快便以异乎寻常的速度由北向南贯穿了整个大陆。不，一定是有其他原因，才使得美洲新石器文化的演进换成了与欧亚大陆和非洲不同的剧本。虽然我们并不清楚这几样作物起源于美洲的具体哪个地方——关于玉米的发源地，也只有根据各种间接证据做出的猜测——但是诸多迹象显示，当时在中美洲的几个地方，人们在同一时期成功培育出了这些作物。居住在附近的人群，很可能由此萌生出强烈的贸易动机，毕竟只有番茄或只有土豆，远不及既有番茄也有土豆，能够使食物更加多样。

在美洲，之所以没有哪一个人类群体能够获得绝对优势，也有可能出于另一个原因：这里几乎没有任何可驯化的动物。在近代欧洲人到来之前，北美大草原上到处都是成群的美洲野牛，或许正是由于这些野牛可以提供无限量的肉食供应，这里的人类居民才没有尝试去饲养动物。后来被驯化的美洲驼和羊驼，主要是作为驮载用牲畜和提供羊毛，此外还有为了食用培育出来的豚鼠，显然也不足以让某个群体能够借此获得强势地位。因此，即使是疆域囊括今天的危地马拉和南墨西哥大片地区、在公元后第一个千年里创造出高度发达文明的玛雅帝国，也没有给美洲带来明显的基因流动和变异，就像我们在整个近东或非洲班图人那里所看到的那样。在农耕文化出现之后几千年里，尽管它以燎原之势在北美和南美蔓延，然而除了中美洲有少量向南的基因流动外，南北大陆的基因结构总体上没有发生变化。只有加勒比海地区，早年的狩猎采集者被后来的泰诺人（Taíno）农耕文化取代。

狩猎采集文化持续衰落

最迟在美洲大陆进入新石器时代之后，整个世界便几乎彻底被农耕生活方式所覆盖。唯一的例外是澳大利亚，在欧洲人到来之前，这里一直是一个与世隔绝的孤岛。在与澳大利亚相邻的世界第二大岛屿新几内亚岛，当地居民在 7000 年前开发出一种以刀耕火种和香蕉种植为主的混合形式。与世界其他地方一样，即便岛上还有狩猎采集者生活，其生存空间也变得非常狭小。按照最保守的预测，这一群体最多再过几十年便将彻底衰落。随着农耕文化的兴起以及人口数量的迅速增长，[25]几个品种有限的动物种群也在以惊人的速度不断扩大。可以说，人类的进步在很大程度上正是建立在对这些动物压榨盘剥的基础之上。在 1 万年前，人类及其驯养的动物约占地球哺乳动物的 1‰，而今天则占 95%。尽管人类这一物种经历了爆炸式增长，但整个占比的增加主要还得归功于我们的家畜和家禽。

几十万年以来，狩猎采集社会的发展因为地球所提供食物的有限性而受到限制。相比之下，农耕文化的出现则让我们的祖先在极短时间内获得了看似无限的增长可能性。他们越来越善于按照自己的意愿对动植物进行优化。来自荒野的亘古不变的威胁，如今被文明的力量所制服，对土地的需求也从此变得没有止境。最终，人类从华夏大地出发，征服了海岛天堂，并将其变得面目全非。

第八章　超越地平线

五千年前，人类的生存空间已变得过于狭小。

于是，我们从中国启程，

驶向印度洋和太平洋。

一个个岛屿被我们征服，一个个岛屿的资源被

我们耗尽。

为了身份和地位，我们甘愿用生命去冒险。

亚 洲

绳纹文化
距今 14000 年到 2500

距今 4000 年

距今 350

非 洲

南岛族群

的 扩 张 洋 洲

近 大 洋 洲

距今

马达加斯加

距今 2000 年

澳 大 利 亚

印 度 洋

- - - ➤ 无法确定，目前尚存争议

| 15 000 | 12 500 | 10 000 | 7500 | 5000 |

克洛维斯文化

古因纽特人在北极定居

绳文文化的萌芽

人类在加勒比地区定居

人类在美洲定居

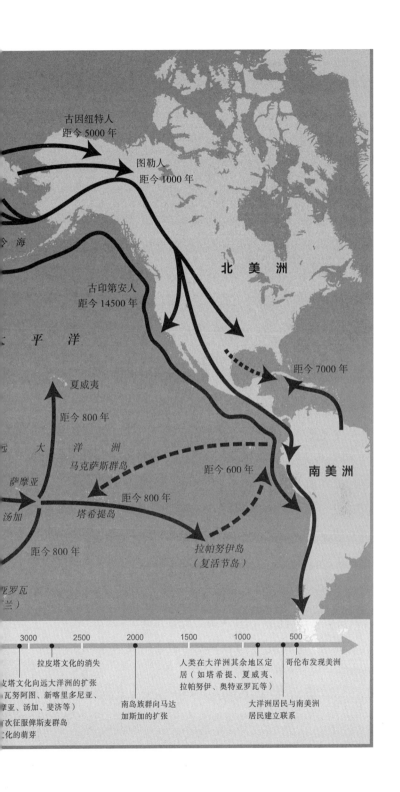

古因纽特人
距今 5000 年

图勒人
距今 1000 年

北 美 洲

古印第安人
距今 14500 年

今 海

太 平 洋

距今 7000 年

夏威夷
距今 800 年

大 洋 洲

马克萨斯群岛

距今 600 年

萨摩亚

距今 800 年

汤加
塔希提岛

南 美 洲

距今 800 年

拉帕努伊岛
（复活节岛）

亚罗瓦
兰）

3000	2500	2000	1500	1000	500

拉皮塔文化的消失

皮塔文化向远大洋洲的扩张
瓦努阿图、新喀里多尼亚、
摩亚、汤加、斐济等）

南岛族群向马达
加斯加的扩张

人类在大洋洲其余地区定
居（如塔希提、夏威夷、
拉帕努伊、奥特亚罗瓦等）

哥伦布发现美洲

大洋洲居民与南美洲
居民建立联系

首次征服俾斯麦群岛
化的萌芽

漂洋过海的牲畜运输者

就像在安纳托利亚一样，农耕文化也在中国呈现出一派繁荣之势，可用耕地随之变得越来越稀缺。中国早期农耕者大约在6000 年前来到今天的泰国和越南定居，然后又到了苏门答腊岛。面对这些外来移民，当地被称作和平文化（Hòa-Bình-Kultur）的狩猎采集者只能选择躲避。在今天远在婆罗洲和爪哇的人群身上，仍然携带着当年中国南方农耕者的基因特征。北方的情况也是一样：这些农耕者先是到达了朝鲜半岛，后来在大约 3500 年前又渡海来到日本列岛，在这里与发达的本土狩猎采集文化相遇。与几千年前近东的纳图夫人一样，这群日本原住民也已出现定居的迹象。不过，关于他们是否已开始尝试原始的农耕，学界目前尚有争议。但可以确定的是，这些绳纹文化（Jōmon-Kultur）的成员早在 1.5 万年前就已经开始制作陶器，堪称世界上最早的陶器工匠之一。在绳纹文化晚期，他们在陶器制作上的技术甚至达到了惊人的程度。

可是，面对来自中国大陆的农耕移民，绳纹人却没有能力抵

当农耕文化从中国传入日本列岛时，当地已经存在高度发达的狩猎采集文化。绳纹人堪称世界上最早的陶器工匠之一，他们在 1.5 万年前就已制作出纹饰精美的陶器

御。当新移民站稳脚跟并在短短几百年中散布到整个日本列岛后，绳纹文化随即宣告灭绝。狩猎采集者被挤到了地理上的边缘：如今在日本最北端和最南端的岛屿上，这群古老狩猎采集者的 DNA 成分最多。在今天的日本人身上，这种 DNA 成分的比例平均约

为 10%，而在北方，这一比例比平均值足足高出一倍。携带绳纹人基因成分最多的，是日本最后一批狩猎采集者的后代——阿伊努人（Ainu）。这群人今天生活在北方岛屿北海道，其中许多人有一半以上的基因来自绳纹人。

和日本一样，位于中国大陆东南方的台湾岛在冰河时期也是亚洲陆地的一部分。在东亚移民于大约 5000 年前占据这个岛屿之前，岛上也早已有狩猎采集者生活。与日本不同的是，日本在农耕者定居后，逐渐形成了同质化程度极高、一直延续到今天的基因结构，这种基因结构与大陆之间鲜有基因交流，而台湾却由此演变成为人类最后一次大规模扩张的桥头堡。在此后几千年时间里，东亚人的基因从这里传遍了半个地球，从印度洋最西端的非洲海岸，一直到太平洋美洲沿岸。

这些人驾驶着类似双体船样式、挂着巨大风帆的船只，征服了"水半球"——90% 被海洋覆盖的半个地球——所有岛屿。船上载着猪、鸡、鼠，以及他们在家乡驯化的农作物。为了寻找地球上最后的可用于耕种的田地，这些探索者在海上漂泊了成百上千公里，而不知旅行的终点何在。这场神奇的南岛扩张（Austronesian Expansion）之旅，将新移民的基因从马达加斯加经新西兰到夏威夷，一直带到了复活节岛。对这些被征服的太平洋岛屿而言，人类的踏足意味着对所有可利用资源的压榨，对那些小岛来说程度尤甚。资源的枯竭只能通过探索新的岛屿来填补，如此循环往复，直到再无岛屿可以被发现。在许多地方，以不断增长为基础的生存方式随之崩塌。

"跳岛"

今天，南岛语系共有 1150 种语言，使用人口将近 3 亿。马达加斯加原住民和新西兰毛利人的语言，都属于这一语系。语言学家研究发现，所有南岛语系的语言都是以台湾南岛语为源头，在大约 5000 年前发生分化。今天大约 80% 的中国台湾高山族使用的是闽南话。当时，高山族部落以饲养猪、鸡和种植水稻发展起繁荣的农耕经济，这块岛屿也因此变得狭小而无法容身。当我们谈起南岛族群的扩张时，绝不应将其想象成一群胆大的水手在某一天突然做出决定，从台湾岛启航，扬帆驶向世界各地，一路直抵距台湾 9500 公里之遥的马达加斯加，或是东南 1.8 万公里以外的复活节岛。

人类征服太平洋诸岛的方式更像是跳岛（Inselhopping）——先是在距离最近的岛屿上定居下来，经过几代人之后没有更多的土地可供支配时，再离开故土，继续向远方扩张。这种扩张或许与一套固定的成人仪式相关。我们可以设想，构成岛上精英的人，是那些敢于让子女冒生命危险去发现远方岛屿的人。如果冒险失败，父母自然会为失去孩子而悲痛；而一旦成功，这些勇敢的探索者就会把十几、二十个家庭带到新的家园，他们自己便从此成为这个岛屿的统治者。与葬身幽暗海洋的风险相对应的，是作为传奇被载入史册。因此可以说，南岛扩张是由冒险家实现的。

这场伟大的航行从密克罗尼西亚热带海岛开始，这片群岛大约有 2000 个岛屿，其中包括一些很小的小岛。整个海域位于西太

南岛探险者征服东太平洋时所使用的帆船复原模型。船只结构大致类似于双体船，为了在新家园开辟新的生活，他们把牲畜和种子也一并装进了船舱

平洋菲律宾以东，面积约为 700 万平方公里，宽度约 4000 公里。南部是位于澳大利亚以东、面积较小的美拉尼西亚；东部是波利尼西亚辽阔的水域和岛屿世界，一直延伸到夏威夷和复活节岛。

当时，这一地区的绝大部分地方尚未有人类踏足，只有新几内亚东面的俾斯麦海（Bismarcksee）是个例外。俾斯麦群岛是美拉尼西亚群岛的一部分，之前就有狩猎采集者活动，但活动范围仅限于能够满足狩猎采集所需的岛屿，那些很小的小岛也因此鲜有人迹。新石器时代的农耕者在寻找耕地时则不受这些限制。这些小岛虽然无法进行大面积耕作，但如果加上捕鱼，也可以让人过上温饱的生活。

　　岛屿越小，可供耕种的土地就越少。经过不多的几代人，新的家庭便没有耕地可用，年轻人到外面去发现新土地的压力不断增大。早期的水手们无疑都有着丰富的航海知识，但即使是最出色的航海家，面对太平洋上有时高达20多米的巨浪也会束手无策。那些被巨浪吞没的人，也就无缘成为今天大洋洲居民的祖先了。

男性交换

　　对于在俾斯麦群岛上过着狩猎采集生活的人群来说，他们的日子就这样走到了尽头。俾斯麦群岛在冰河时期距莎湖陆棚大约30公里，今天属于巴布亚新几内亚。几万年来，生活在岛上的原住民日复一日平静地劳作生活，直到有一天，一群新人类驾驶着带有风帆的怪物突然出现在地平线上，身边还跟着各种稀奇古怪的温顺动物。这些南岛农耕者的祖先在大约40至50代之前从台湾出发，开启了海上拓荒之旅，其后代最终在这一天抵达俾斯麦群岛。拉皮塔文化（Lapita-Kultur）的最早遗迹正是在这里出土的，据估测，这些遗迹约有3600年历史。

　　拉皮塔文化是南太平洋地区出现的第一个农耕文化，400年后经由所罗门群岛传播到600公里之外的瓦努阿图岛屿链，不到100年又传播到东边2000公里之外的汤加群岛。拉皮塔文化的传播区域约有400万平方公里，与欧盟国家的总面积大致相当，只是这片区域几乎完全被海水所覆盖。[26]

这群来自台湾岛的农耕移民究竟是以何种方式扩散到南太平洋，其语言和文化又是通过怎样的途径越过东南亚诸岛，最终传播到南太平洋，学术界迄今仍存在争议。一派观点将这一过程描述为一段从北到南、轻松自在的迁徙之旅。这些移民先是在已有狩猎采集者生活的海岛上定居下来，经过几代人之后再前往下一个群岛继续拓荒。支持这种假设的重要根据之一，是今天瓦努阿图及周边岛屿居民的基因构成：这些人身上同时携有东亚人和新几内亚人的 DNA。这一点似乎清楚地表明，南岛人的扩张是沿着一个又一个岛屿缓慢推进，在这一过程中与狩猎采集者发生杂交。

但是到 2016 年时，这种解释受到了遗传学研究的明确质疑。当时用于 DNA 检测的标本提取自 2800 年前生活在瓦努阿图的人类个体。这项研究发现完全要归功于一种新的 DNA 提取方法：研究者发现，在人体最坚硬的骨头、紧靠头骨颞叶的所谓岩骨中，DNA 保存的状态最为完好。这一发现为热带大部分地区的考古遗传学研究打开了新天地。人们采用这种方法对瓦努阿图和汤加岛的拉皮塔文化早期农耕者进行了基因学分析，其结果令人大为意外：这些 DNA 全部来自东亚，没有掺杂任何东南亚原始狩猎采集者的基因。这反过来说明，南岛扩张并没有经过那些已经有人类居住的较大岛屿，而是在这些岛屿以外的地方，因此新移民没有与这些岛上的原住民发生基因交流，而且整个扩张的过程很可能非常迅速。

另一项基因研究结果同样也显示，南岛人最初的扩张并没有造成明显的基因混合。东亚人的 DNA 直到约 1500 年前才到达新几内亚，时间远在南岛扩张开始之后，而且此后也没有取代原始狩猎采集者的基因。恰恰相反：这些农耕者显然没能在这个世界第二大岛屿成功立足，在今天新几内亚高地人的基因中，没有发现丝毫的南岛人痕迹。所有这些线索都说明，当时在这一地区，狩猎采集者与农耕者之间是一种共存的关系，两者很可能还彼此进行交易。毕竟新几内亚人也有能够拿来交换的物品，比如香蕉。

然而令人惊讶的是，今天的瓦努阿图人与他们 2800 年前的祖先有着完全不同的基因特征。其 DNA 结构并非完全由东亚人的基因构成，相反，他们身上只有 5% 的东亚基因，其余部分则与俾斯麦群岛和新几内亚高地的原住民相似。这与科学家迄今观察到的人类历史上的基因演变规律完全相悖。通常情况下，狩猎采集文化总是被农耕文化取代。在瓦努阿图却不是这样。在这里，不仅东亚人的 DNA 随着时间推移不断减少，新几内亚人的 DNA 随之增加，而且考古学发现还显示，拉皮塔文化早在 2600 年前便已终结。难道说，狩猎采集者在通过交流掌握了对方的耕种技术之后，最终挤走了农耕者？但从另外一些线索看，情况或许并非如此：南岛语系在南太平洋诸岛依然占据着主导地位，仅瓦努阿图便有 200 种南岛语系的语言。基因迁移通常都伴随着这样一个事实：占优势的移民会同时带来他们的语言，因为语言对任何一种文化来说都是最重要的表达工具。

由此我们不妨推测，当时并没有出现完全的种群替代，在俾斯麦群岛与邻近的瓦努阿图规模较小的岛屿之间，长期存在着持续的基因流动。这是因为，我们如果假设在几百乃至几千年的时间里，一个很小的海岛和一个大得多的海岛相互间一直存在着不间断、某种意义上甚至是平等的交流，那么最后的结果只有一种：小岛居民的基因结构渐渐向大岛靠近，而大岛则几乎不会发生变化。因为人数有限的移民对一个基数很大的群体来说，即使经过很长的时间，也不会造成太大改变。一滴墨水是落入一杯水还是落入一桶水，结果自然大不相同。这种效应不仅反映在今天瓦努阿图人所携带的 95% 新几内亚人 DNA 上，而且在更东边的岛屿上同样也有所体现。

从俾斯麦群岛和新几内亚移居到附近岛屿并与当地居民通婚的个体当中，显然男性居多，至少从 Y 染色体在当地占主导的事实便清楚地说明了这一点；同时，我们也有理由猜测，在从小岛来到新几内亚并与原住民建立家庭的人群中，或许也是以男性为主。不过，我们迄今无法通过遗传学数据为这种太平洋岛屿之间的男性交换找到证据。此外，在今天汤加和萨摩亚居民的基因组中，则看不到这种效应。或许是因为这些岛屿太过遥远，以致无法在远隔重洋的条件下保持频繁的人员往来。

从遗传学数据来看，俾斯麦群岛和瓦努阿图之间显然存在着长久的双向基因交流，这种交流一直持续到 30 至 40 代人之前。拉皮塔文化之所以在 2600 年前逐渐绝迹，换句话说，当地人之所以不再掌握这种对这一时期的考古学研究至关重要的制陶工艺，可以通过海岛上人口规模过小得到解释。在南岛移民中，当然不可能每个人都懂得制陶技术，就像今天的现代人也并非个个都是

IT 专家。经过几代人后，掌握这项传统工艺并有能力将其传承下去的人越来越少，更多的人有可能转行从事某些对生存更加重要的未来技术，比如说造船。毕竟对人类来说，那些精美的陶罐并不能带来太多实际的好处。

■ 海上实验 ■

　　今天，我们对南岛扩张时人类征服太平洋所使用的船只已经有了相当清晰的概念，尽管没有考古发现能够提供线索，让我们能够依样画瓢，对这种复杂的船只结构进行复原。实验考古学这一学科在这方面——当然并不仅仅是在这一问题上——发挥了出色的作用。实验考古学作为考古学的一个分支诞生于 19 世纪末，其宗旨是用实验的方法来解答那些用其他办法难以解决或无法解决的考古学难题。换句话说，既然无法在海底或太平洋岛屿上找到南岛移民前往这些海岛所使用的船只，那么就让我们尝试使用当时的材料、技术和工具去造一条船，并驾驶它前往某个岛屿。这项实验的目的是用这种方式复制出和我们祖先所打造的同一式样的船只。而且这项工作并不是从零开始，我们可以用历史上一些著名的古代船舶作为参照，并通过实验来推导出南岛航船的原始式样。

　　多亏了实验考古学以及文字和口述史料中的记载，我们对当时人类征服太平洋岛屿世界所使用的特殊双体船已有了大致了解。在相关考古学实验中，挪威人托尔·海尔达尔（Thor Heyerdahl）

所做的几项实验最为著名。这位 2002 年去世的考古学家和民族学家正是凭借这些实验，使实验考古学这一学科为大众所知。1947年，他驾着用巴沙木制作的木筏康提基号（Kon-Tiki）从利马出发，横渡太平洋，以此证明他的观点，即太平洋岛屿上的人类有可能是从美洲移民过来的。这次航行虽获得成功，后来还被拍成了电影，但也反映出此类实验的局限性。因为即使这次航行在今天取得了成功，也不能说明当时人类的航海也是以同样方式进行的。不过，这场实验可以帮助我们了解，当年那些征服太平洋的勇士需要克服多大的困难。实验考古学家如今用自己的身体充分地体验了这一点。

另一个令人印象深刻的实验考古学案例，是有两只船帆的双体船大角星号（Hōkūle'a）。1976 年，波利尼西亚航海协会使用波利尼西亚扩张时期的航海技术，驾驶这艘船从夏威夷航行到了4000 公里之外的塔希提。从那以后，人们又用大角星号进行了多次航行实验，目的地有密克罗尼西亚、美洲太平洋海岸以及日本列岛等。这艘船的建造者明确表示，建造该船不仅是为了用实验的方法还原人类定居大洋洲的大致历史，同时也是为了唤起世人对夏威夷和波利尼西亚原生文化的重视。

对地位象征的痴迷

南岛人在出海开拓新的领地时，身边携带着维持生存所必需的东西，除了狗、猪、鸡之外，还有老鼠。老鼠在这里也被当成食物，而且经验证明，老鼠在跨海航行中有着很强的生存能力。椰子树也被一起带到了南洋。但是这些海上岛屿，特别是密克罗尼西亚那些巴掌大的小岛所能提供的耕地，与新石器文化兴起时的欧亚或美洲大陆当然不可同日而语。即使在今天，在当年南岛扩张的所有地区，都很难找到大片的耕地。当地的主要作物是根茎类蔬菜，家畜则以鸡和猪为主，换言之，都是些不需要牧场、靠残渣剩饭就可以养活的动物。

不过，岛屿居民本身似乎也进化成了出色的"食物转换器"。每一次向遥远岛屿的进发，都会将那些拥有强大新陈代谢能力的人"传播"得更远。因为只有新陈代谢能力强，才能在体内储存大量脂肪和能量，然后在数天甚至数周的航行中慢慢消耗。当拓荒者在航程中需要熬过长时间的饥饿时，抵达新的岛屿后需要撑过艰难的垦荒阶段时，那些与耐力相关的基因便可为其提供更大的生存优势。在那个时候，谁携带有这些基因，谁便拥有了福音。

对于今天的南岛人后代来说，当他们不再面临糖分、脂肪和蛋白质匮乏的问题时，这些基因便有可能成为一种诅咒。他们比常人更容易发胖，而肥胖会带来很大的健康风险和平均寿命预期的下降。在今天肥胖人口比例最高的 10 个国家中，有 8 个是太平洋岛国，其原因或许便与南岛扩张导致的基因瓶颈有关，虽然人们迄今还无法辨别，到底哪些基因才是"折寿基因"。如果看一下全世界肥胖人口比例最高的 20 个国家，除了太平洋岛国外，还有 8 个是在阿拉伯地区。这些地区的人在过去几千年里也长期受到干旱和饥饿的困扰。在前 20 名"肥胖国家"榜单上，只有美国与上述地理分类不符。

　　尽管与太平洋地区的整体情况相比，斐济、萨摩亚和汤加的耕地面积并不算太小，但在 1200 年前显然也已供不应求。最迟从这一时期开始，南岛人发动了最后一轮大规模扩张，并在 400 年的时间里相继征服了东边 2400 公里以外的塔希提岛和大约 1400 公里外的库克群岛。这些南岛拓荒者从波利尼西亚向北一路挺进到夏威夷，向东到达了复活节岛。波利尼西亚的总面积超过 5000 万平方公里，比北美洲和南美洲加在一起还要大。人类能够在如此辽阔的区域里完成迁徙，几乎是一个奇迹。要到达复活节岛——当地人称之为拉帕努伊岛（Rapa Nui）——必须要渡过至少 2000 公里的开阔水域，然后才能看到陆地，而这块陆地不过只有 24 公里宽。

　　我们可以看到一种现象，复活节岛发现者的后代对带有神灵崇拜色彩的物体显然抱有巨大的热情。他们的祖先在经历了不可思议的航行之后，很可能自然地形成一种习惯，通过对超自然力量和神灵的祭拜，让自己的人生之路得到指引和护佑。几百年间，岛上居民用火山岩凿刻出大量石像，用绳索和树干运到全岛各处，或许还专门为此修建了道路。岛上约有 1000 个这样的摩艾（Moai）石像，平均有十几吨重，其中保存至今的最大一座石像高达近 10 米。复活节岛的考古发现表明，这些石像是各个村落或者部落地位的象征，而且在不同村庄和部落之间，显然存在着攀比。岛上现存摩艾石像所使用的石材，全部出自拉诺拉拉库火山（Rano Raraku）。如今在这座火山的山坡上，还有一个刚开始凿刻的石像可供参观。这个石像年复一年地躺在这里，仿佛在期待能像其他"前辈"一样，迎来最后圆满的一刻。但是，这个长达 21 米的石像却以未完成的姿态永远留在了原地。

蜜汁流淌之地

这个未完成的巨大石像，可以说正是人类命运的象征。人类在登上复活节岛的那一刻，也抵达了人类发现之旅的最远点。在这里，他们开始意识到，对人类这一追求无限的物种而言，这个星球是有极限的。在人类来到之前，复活节岛很可能是一个林木茂密、郁郁葱葱的天堂。然而当欧洲人 18 世纪在这里上岸时，眼中所见只有一片荒瘠的草原。复活节岛有人类居住的时间或许还不到 800 年，因此人类大概只用了几代人的时间，便将这里的原始森林变成了连成一片的单一作物种植田，由一群状如鬼怪的石像守护。关于这场掠夺式开发的具体过程，学术界目前有不同的说法，但核心观点却是一致的：岛上居民在开始拓荒的那一刻，便是整个岛屿的生存基础被摧毁的开端。

拓荒者的斧头砍向的第一个目标是蜜棕榈树（Honigpalm）。据猜测，在人类到来之前，岛上的蜜棕榈树约有 1600 万株。砍伐树木的原因，一方面是人类需要土地进行耕种；另一方面，这些树木本身也是一种高产出的作物，当树干被切成片时，从中会流出一种有营养的甜味汁液。还有一种观点认为，人类在复活节岛上滥砍滥伐，是因为他们要用这些树干来运输巨大的摩艾石像。无论这两种解释哪一种正确，其结果都没有分别：原来被森林覆盖的土壤直接暴露在热带雨水之下，致使肥沃的土壤被雨水冲刷，导致水土流失。这些变化很可能是一个日积月累、缓慢渐进的过程，与文化衰败相伴的，是人口数量的急剧下降。

据估计，当欧洲人到达复活节岛时，岛上的人数只有人口峰值时的十分之一，此后再也未能恢复到 16 世纪巅峰期时的人口规模。欧洲人对岛上资源的攫取以及由其带来的传染病加剧了这一状况，到 19 世纪末，岛上原住民只剩下大约 100 人。今天，拉帕努伊岛（复活节岛）上树木寥寥无几，居民有 8000 人，主要以旅游业为生，所需物品大都依靠进口。

而在以前，当欧洲和亚洲大部分地区被黑死病的恐惧所笼罩时，南洋贸易却是一派繁荣。这一早期跨太平洋经济区最活跃的阶段是 13 和 14 世纪，在那个年代，所有岛屿都已被发现并已有人类居住，但尚未被过度开发。例如，在夏威夷和塔希提之间有着固定的贸易航线，尽管两岛之间的距离有 4000 公里之遥，中间只有寥寥无几的小岛可作停留。然而在公元 1400 年前后，繁忙的航运却彻底中止，岛上居民从此守在各自的岛屿上安稳度日。由于所有岛屿、包括很小的海岛都已经被发现和瓜分，已经没有新的空间可供开发，因此对拓荒者来说，也就没有必要再冒着生命危险漂洋过海，去地平线以外寻找传说中的应许之地。

从那时起，人们开始集中所有精力，最大限度地攫取岛上剩余的资源。这个在 17 和 18 世纪被欧洲人征服的岛屿世界，至今仍然是北半球那些向往远方的人们心中的梦想之地，但在当时已不再是一片净土，而是恰恰相反。在太平洋世界，人类对自己家乡土地的掠夺达到了极限，这大概是人类走出非洲后的第一次。

乘15条独木舟驶向新西兰

南岛扩张的最后一次行动是在新西兰。大约 750 年前，人类开始扬帆起航，朝着新的目的地出发，启程地点有可能是北边 2000 公里之外的库克群岛。与波利尼西亚等地的小岛不同，新西兰的陆地面积要大得多。这群自称为毛利人的移民，还在船舱中携带着太平洋地区特有的老鼠。人类和老鼠是最早踏上新西兰岛的陆地哺乳动物。从 4000 万年前起，这个岛屿一直被海水包围，岛上的每一个生态位几乎都被鸟类所占据，其中主要是不能飞行的恐鸟。人类到来后，恐鸟在很短时间内就被杀光。以恐鸟为食、高达 3 米的新西兰巨鹰也没能逃过这一命运，在人类定居后不久被赶尽杀绝。

新西兰岛被毛利人称为奥特亚罗瓦（Aotearoa），意为"绵绵白云之乡"。当时，这里的自然环境对新移民来说一定相当诱人。直到今天，这里的动植物环境都被公认为澳大利亚恶劣环境的反照。当时岛上的鸟类从没有接触过人类，因此对人毫无惧怕，很容易捕杀。而且，这里没有任何有毒的动物或其他危险动物。由于岛上没有陆地哺乳动物，再加上温和湿润的气候，因此与澳大利亚相反，这里的生物不具备那些以极度警觉的防御机制为特征的物种所具备的进化优势，因为防御在这里完全没有必要。

根据毛利人的口述历史，其祖先来到新西兰岛是在 15 至 20代人之前，当时使用的装备是 15 只带有平衡杆的独木舟。每只独木舟代表一个毛利人部落。在爆发于 19 世纪中叶、因为欧洲火枪的进口而激化的"火枪战争"中，这些部落中的许多成员彼此为敌，展开了激战。据估计，大约有 2 万毛利人在冲突中丧生。对岛上自然资源的争夺，是导致冲突的原因之一。

今天，新西兰生活着大约 70 万毛利人，约占全国人口的15%，是太平洋地区波利尼西亚移民后裔中高居首位的群体。1990 年代以来大量涌入的亚洲移民，约占总人口 10%。这个岛国的基因"熔炉"中最大的部分，是来自欧洲的移民。与新西兰一样，夏威夷也经历了类似的人口比例变化。在夏威夷居民中，原住民后裔如今只占不到 10%，亚洲血统的人口占 40%，25% 的人口为欧洲血统。

甘薯配鸡肉

欧洲人历史上在太平洋地区的主导地位，也是某些学者对南岛扩张是否远至南美洲海岸产生怀疑的原因之一。的确有许多线索都指向这一点，但是对于其中一条看似确定无疑的主要证据，我们却必须秉持慎重的态度：这个证据就是在整个太平洋地区随处可见的甘薯，一种无疑起源于美洲新石器时代的作物。然而，这种作物在当地的普及既有可能是太平洋地区原住民与南美或中美洲西海岸之间贸易交往的结果，也可能是得益于西班牙人的传播。当 16 和 17 世纪西班牙船队主宰全球海域时，他们在太平洋上沿赤道开辟了一条繁忙的商路，从今天的墨西哥一直到中国台湾。

只可惜，关于这条商路的贸易情况，几乎没有留下任何文字记载。因此，我们无法确定甘薯究竟是由西班牙人带到了大洋洲，还是通过此前几百年就有的与美洲的商品交换来到这里的。另一条有关南岛扩张时期太平洋地区与美洲之间联系的史料线索，是考古学家在智利海岸发现的 13 世纪的鸡骨。鸡起源于东亚，如果不是之前有船只输入，当时的美洲人不可能吃到鸡。不过，鸡骨标本的年代测定同样存在不确定性，因此我们仍不能完全排除，它有可能是西班牙人带来的"舶来品"。

迄今为止，太平洋地区与美洲之间存在交流的最可靠证据来自塔希提岛北边的马克萨斯群岛（Marquesas-Insel）。今天当地居民的基因组中有数量极少、但仍可检测出的遗传痕迹，被认定为与南美洲的早期基因融入相关。至少可以推测，该地与南美洲之间存在着经过复活节岛的海上联系。这是因为，每一支从拉帕努伊（复活节岛）出发前往未知东方的探险船队，几乎都必然会在南美洲登陆，尽管这中间要经过长达近 4000 公里的航程。在返回途中，沿南美海岸的洪堡洋流有可能将一些水手带向北方，这样一来，他们便从南美来到了位于赤道附近的波利尼西亚群岛。这些人的船上很可能带着他们在美洲遇到的女人，因此便出现了今天在马克萨斯群岛上检测到的基因。当然，也有可能是一些美洲男子跟随大洋洲女水手一同航行，或是一些人因为对冒险充满好奇，或是出于贫困、渴望远行等原因而决定离开美洲，到太平洋岛屿世界去闯荡一番。

这只是南美洲基因出现在6000多公里之外的马克萨斯群岛的可能性之一，而且所测出的DNA痕迹也只能说明两地之间存在着零星的交流，并没有覆盖整个波利尼西亚。例如，在波利尼西亚西部或夏威夷原住民身上，并没有发现同样的基因。这些DNA痕迹更不能证明以往经常提到的一种假设：南美洲居民中，也许有一部分是从太平洋地区移居过去的。在迄今已知的塔希提古基因组中，没有发现任何与南北美洲存在早期基因交流的迹象。

关于南岛移民到底是经由哪条路径来到了这场扩张之旅的最西端——马达加斯加，人们迄今仍所知寥寥。不过，许多证据都充分显示，这件事确是不容置疑的事实：今天近2700万马达加斯加居民中多数人使用的马拉加斯语（Malagasy），是南岛语系最西端的一个分支。此外，在岛上居民的DNA结构中，也存在明显的基因融入痕迹，根据基因钟推算，时间应当是大约2000年前。平均而言，马达加斯加人的基因组中有一半来自非洲，另一半来自东亚。这两种基因是在大致同一时间，进入了这个通过科摩罗群岛与非洲大陆相连的岛屿。

遗憾的是，科学家尚未在马达加斯加和印度洋地区发现任何古DNA样本，因而没有线索来推断出当年南岛扩张的路线。位于马达加斯加东北方向的塞舌尔、马尔代夫和斯里兰卡等地，也没有人使用南岛语系的语言。假如南岛扩张是通过水路到达马达加斯加，那么这些地方几乎是必经的中途停靠点。另外，在这些岛屿上也没有发现相关的考古遗迹，古 DNA 样本更是无处可寻。

也许，南岛航海者当年根本不是通过水路抵达马达加斯加的，东亚基因也有可能是沿着印度、阿拉伯和非洲海岸一路辗转，最后到达马达加斯加。这种推测与非洲和东亚 DNA 在同一时间进入此地的事实恰好吻合。然而，假如这种关于人类在马达加斯加定居历史的说法成立，这一过程也很难在陆地上一步步完成，因为这需要更长的时间。可能性更大的情况是，东亚基因先是通过当时的海上商路来到了东非，之后以南岛和非洲基因混合的形态再从东非经过科摩罗群岛进入了马达加斯加。

与世隔绝的加勒比地区

当时，人类不仅在太平洋和印度洋，而且也在中美洲沿海征服了大片海洋栖息地。2020 年，科学家首次对大量加勒比早期人类居民的古 DNA 样本成功完成了基因测序，这些遗传物质同样也是取自头骨化石中格外耐久的岩骨。这 300 多个样本分别来自加勒比海大安的列斯群岛（Große Antillen）的几个岛屿，主要为古巴、伊斯帕尼奥拉（Hispaniola）和波多黎各，骨龄在 3200 年至 400 年之间。

大约 2900 年前，第一批农耕者来到加勒比地区。本土狩猎采集者已在当地生活了几千年，在新移民到来后的很长时间里，依然坚守自己的领地。这两个人群之间几乎没有发生基因混合

第一批狩猎采集者于 7000 年前到达加勒比海，所经路线我们不得而知。可以确定的是，他们每迈出新的一步都要跨越很远的距离，有时候甚至长达 150 公里。与南岛扩张的路程相比，这个距离或许显得有些可笑，但是，这场海上大迁徙发生的年代要比南岛扩张早得多。那时候的人们尚不知风帆或双体船为何物，所使用的最多不过是简易的独木舟。他们甚至有可能只是抱着树干，在海上顺着水流漂浮数日才到达偏远的海岛，一路上都在默默祈求不要被海水吞没或葬身鱼腹。这些人离开陆地当然不是出于纯粹的好奇心，其原因可能是南美海岸的渔猎和采撷资源逐渐枯竭，或者他们只是跟随鱼群的移动，从一个沙洲来到另一个沙洲。

在这些距今 3200 年的加勒比人岩骨样本中，人们既发现了

原始狩猎采集者的 DNA，也找到了农耕移民的 DNA。这些农耕者来自南美奥里诺科三角洲（Orinoco-Delta），大约在 2800 年之前来到这里，在短短几百年时间里便扩散到波多黎各与小安的列斯群岛，即整个加勒比东部。从这里到伊斯帕尼奥拉岛——今天海地和多米尼加共和国所在区域——距离原本并不是很远，但是，当这群外来农耕者就像当年安纳托利亚农耕者在欧洲一样，给小安的列斯群岛带来基因上的巨大改变之后，却在伊斯帕尼奥拉岛似乎遇到了不可逾越的屏障，以致其基因在近千年的时间里一直被隔绝在外。考古学家长期以来猜测，这种现象有可能说明，当时在伊斯帕尼奥拉岛上生活着一个人口密集的强大狩猎采集者群体，因此外来农耕者在这里没有任何发展机会。最新基因研究的数据为这一假设提供了有力支撑。

这是因为，新石器时代的农耕者虽然在 1800 年前成功在伊斯帕尼奥拉岛落脚，但与之前在小安的列斯群岛不同的是，狩猎采集者并没有因为新移民的到来而失去原来的地盘。在很长时间里，两个人群一直各过各的日子，彼此互不往来。基因样本显示，在新石器文化传播到伊斯帕尼奥拉岛之后的几个世纪里，几乎没有发生人种混合。直至 11 世纪，伊斯帕尼奥拉岛和古巴有些个体的基因中，仍然带有加勒比狩猎采集者的典型特征。造成这种情况的原因，既可能是两个人群的严重自我隔绝倾向，但也可能是与每个群体的人口数量都过于稀少有关。最新基因分析表明，在 1000 年多前，伊斯帕尼奥拉和巴哈马群岛的狩猎采集者和农耕者加在一起，人口不超过 1 万，两个群体各自与其他岛屿的同类人群有着很近的血缘关系，但两者之间却没有发生融合。

借助基因分析才得以进行的人口计算，其结果与哥伦布的描述形成了强烈反差：这位探险家声称在 1492 年到达伊斯帕尼奥拉岛时，岛上生活着几百万土著居民。可以想象，他之所以如此漫无边际地夸大其词，为的是想让西班牙王室对其下一步远征新大陆给予更大支持。然而不管怎样，随着欧洲人的到来，美洲原住民人口数量急剧下降，因为欧洲人不仅带来了各种各样的疾病，同时还对当地土著进行奴役以及肆无忌惮的屠杀。

欧洲人的征服、剥削和殖民历史，也写进了今天加勒比地区居民的 DNA。特别是在古巴人身上，由男性遗传的 Y 染色体大部分都源自欧洲，只有由女性遗传的线粒体 DNA 约有 30% 是来自欧洲人到来之前的原住民。当地土著男子生育后代的机会，显然受到了外来新移民的压制。

美洲—俄罗斯轴心

寻找新的栖息地的欲求不仅驱使人类穿越整个太平洋并进入到加勒比海，而且还将人类引向另一个目标，在这里，探索者将要面对的是另一种生死考验。这个地方就是北极。众所周知，我们的祖先是最早进入欧亚大陆寒冷北方的人，而正是人类对北西伯利亚的征服，才为 1.5 万年前开始的对美洲的开拓创造了条件。

人类最早在阿拉斯加北部和加拿大北部地区定居大约是在

5000年前，这群人就是古因纽特人（Paläo-Inuit）。长期以来，人们一直推测，古因纽特人起源于白令海峡以西5000公里的西伯利亚中部。这一理论是以某种语言上的关联作为根据：这种关联存在于北美许多原住民所使用的纳−德内语（Na-Dené），以及以凯特语（Ket）作为现存唯一分支的叶尼塞语（Jennisseisch）两大语系之间。如今熟练掌握凯特语的已不足100人，他们都居住在今天俄罗斯中部的叶尼塞河谷（Jennissei-Tal）。

这些人的祖先可能主要以捕猎麝香牛和驯鹿为生，并于大约5000年前，当新石器文化在欧亚大陆南部和西部一路挺进时，陆续移居到白令海峡。当然，白令海峡此时早已不再是人类第一波迁徙潮时的干涸状态，然而对古因纽特人来说，这显然没有形成大的障碍。他们在海峡东西两岸不断进行开拓，并通过海上的频繁往来将整个区域变成了自己新的家园。此外，在同一时期，阿拉斯加南部的阿留申群岛（Aleuten）也开始有人类居住。与俄罗斯苔原（Tundra）相类似的阿拉斯加无冰区，对因纽特人来说并非是固定的栖息地，至少这里迄今没有发现那个年代在其他地区常见的人类定居点遗迹。因此可以推测，对这群人来说，美洲北部或许更多是一个延伸的猎场，作为狩猎资源贫乏的北极地区的补充。大约4000年前，古因纽特人踏上格陵兰岛，但其身份更像是某种意义上的季节性零工。在格陵兰岛上，人们同样也没有发现这一时期的定居遗迹。

古因纽特人对考古遗传学研究有着特殊意义。有史以来第一个被测序的古人类基因组，就来自古因纽特人。这项成果发表于

当人类 5000 年前来到阿拉斯加北部和今天的加拿大时，面对的一项紧迫任务是开发新的狩猎技能和生存策略。其中一些技能今天在该地区仍然被用于捕猎鲸鱼和海豹

2010 年，比尼安德特人基因组测序完成的时间还要早。相关样本提取自 4000 年前的毛发，研究结果公布后，立刻在学术界引起了轰动。基因测序表明——至少当时的研究者这样认为——今天北美原住民似乎并非起源于古因纽特人。由于这份研究报告是出自丹麦的科学家，因而更加具有爆炸性，因为格陵兰岛如今作为自治领土属于丹麦。在这份报告中，研究者根据基因分析推测，所谓新因纽特人（Neo-Eskimo）——今天加拿大北部原住民的祖先，包括尤皮克人（Yupik）、伊努皮亚特人（Iñupiat）和现代因纽特人——是随着一场全新的移民潮来到格陵兰岛的，与之前生活在那里的古因纽特人无关。由于"丹麦"维京人早在公元 1000 年左右就已从冰岛来到格陵兰岛定居，而新因纽特人在 13 或 14 世纪才在这里登陆，按照这种解读，对格陵兰岛这一世界最大岛屿最

早拥有所属权的人便是丹麦人。

把基因作为领土主权诉求的理由，当然并不理智。即使撇开这点不谈，当时的这篇 DNA 分析报告在今天看来也很难立住脚。这是因为，今天生活在北极地区的因纽特人和尤皮克人的祖先虽然确实是在 800 年前才来到这里，但是这些人本身就是古因纽特初始种群繁衍出的后代。2019 年，科学家对阿拉斯加、阿留申群岛和加拿大的史前人类与现代人的遗传物质进行分析，然后将其与已知基因数据加以比对，最后得出了上述结论。这项研究成果为北极原住民之间的亲缘关系绘制了一张全新的模型图，这些原住民的居住区域不仅覆盖到美利坚合众国的南部，而且一直延伸到白令海峡的俄罗斯一侧。

根据这张血缘关系图，今天美洲北极地区以及俄罗斯楚科奇半岛（Halbinsel Tschukotka）的原住民，其祖先都可以追溯到古因纽特人。这些因纽特人和尤皮克人的祖先，显然曾三次穿越白令海峡。第一次是在 5000 年前，古因纽特人来到阿拉斯加，并与此前生活在当地的人群发生混血；第二次，这群人越过海峡，在楚科奇半岛建立起古白令海文化，与当地种群混居长达 1000 多年，就像在白令海峡另一侧一样；第三次发生在大约 1200 年前，古因纽特人再次越过海峡，沿着水路和冰面向阿拉斯加和加拿大北部迁移。这些人最终在 800 年前抵达格陵兰岛，同时也把与新因纽特人相关联的图勒文化（Thule-Kultur）带到了这里。尽管在这时，他们的基因与最早测序的来自 4000 年前的古因纽特人基因已有明显差异，但是他们当中的一部分人从血缘上仍然可以追溯到古因纽特人这一原始种群。

在这一时期，维京人则离开了这块最早是由他们完成洗礼的"绿色的土地"[*]，因为进入小冰河期后，这块地方对他们不再具有吸引力。新因纽特人则不同，他们已经完全适应了在冰雪中生存，即使气候暂时变冷也于其无碍。尤其是在捕鲸方面，其技术之高超令人叹服，在今天这群人的后代身上，我们还能见识到这一点。这些早期北极居民带着锋利的鱼叉和用石头或兽骨制成的利刃，驾船出海，去捕猎大大小小的鲸鱼。猎物一旦被刺中，便再也无法挣脱，每当它们筋疲力尽，不得不浮出水面喘气时，大片海水都会被染成血红色。随着猎物被几十个人携力拖上岸来，捕猎行动也宣告结束。一条鲸鱼可以为整个定居点提供数天乃至数周的食物，此外还有被猎杀的海豹和日常捕获的鱼类作为补充。

远方的陌生船只

随着对北极的征服，人类祖先扩张史的最后一章也暂告结束。800 年前，海洋已是人类文明的一部分，北极的永恒冰原也是一样。人类或许也曾在某个时间或长或短地到达过南极洲，这里距离美洲最南端的火地岛只有 80 公里，而人类在火地岛定居已有 1 万年。然而这最后的一大步，他们已来不及迈出，因为时间已不允许他

---

[*] 格陵兰（Grünen Land）原意为"绿色的土地"。——译者注

们再做这样的尝试。就在 500 年前，一群庞然大物般的船只穿过地平线，打破了北美洲和南美洲的宁静。哥伦布登陆加勒比，麦哲伦驾驶帆船绕过火地岛，整个太平洋最终被欧洲人征服。渺小的欧罗巴大陆刚刚走出黑暗和瘫痪的中世纪，便已跃跃欲试，意欲成为世界的主宰。地球上这个微不足道的角落或许是从新石器时代开始一步步走向了繁荣，但是假如没有来自亚洲的文化影响，欧洲的崛起将难以想象。可以说，人类的进步是从亚洲传入西方的。此后，欧洲作为一股强大势力横扫全球。他们拥有发达的武器和技术，携带着致命的传染性疾病，大自然的任何限制对其都已不再适用。

第九章　草原公路

在青铜时代，来自亚洲大草原的骑兵同时向东方
和西方挺进：

欧洲被攻陷，中国自成一体。

瘟疫蔓延，历史进程由此被改变。

欧洲人在苦难中煎熬，同时也把苦难散布到世界。

挪威海　　　　巴伦支海

西部草原　　　辛塔什塔文

阿瓦尔汗国　　　颜那亚文化

卡法

赫梯帝国

地中海　　　　　海上民族

草原

阿

	5000	4000	3000	2000	1000

颜那亚
文化萌
芽

阿凡纳谢沃
文化萌芽

小河干尸

阿瓦尔汗国
建立

中国万
开始修

最古老的鼠疫杆菌

"海上民族"
时期

中国早期
长城

柔然帝国覆灭

卡法黑死

博泰文化萌芽

辛塔什塔文化萌芽

赫梯瘟疫

成吉思汗帝国

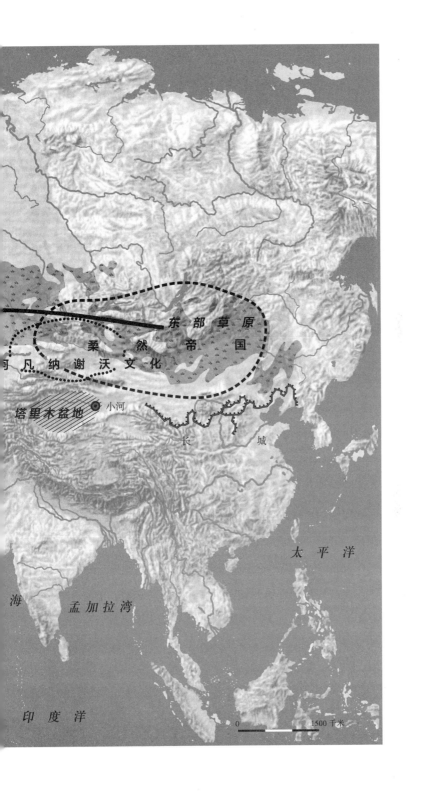

东 部 草 原

柔 然 帝 国

河 凡 纳 谢 沃 文 化

塔 里 木 盆 地   ◎ 小河

长   城

太 平 洋

海   孟 加 拉 湾

印 度 洋

0   1500千米

局外人的机会

在南岛扩张期间将整个太平洋和印度洋部分地区变成人类家园的这群人，大概是我们所属的这一物种自诞生以来最优秀和最勇敢的航海者。但是，他们的航海之路却止于这些海岛。他们虽然会离开海岛去捕鱼，却没能成为真正的航海民族。这并不奇怪，毕竟在那时候，他们还缺少建造船只所必需的自然资源。直到 15 和 16 世纪，西班牙人和葡萄牙人才崛起成为世界海洋的征服者。在短短一个世纪之内，他们便征服了中美洲和南美洲，并给这些地区的"基因地图"带来了巨变。17 世纪初，英国成为首屈一指的海上强国，在之后的几个世纪里建立起覆盖全球的世界帝国。此后，北美洲的 DNA 便由西欧人所塑造。同其他地区一样，这里的原住民也被排挤到边缘，其结果往往意味着灭绝。后来，猖獗的奴隶贸易把非洲的基因成分带到了新大陆，主要是北美，也包括中美和南美。因此，今天的美洲是非洲以外基因多样性水平最高的大陆。

尽管如此，一个又一个世界强国都诞生于欧洲，这一点却绝非必然。这个除澳大利亚以外面积最小的大陆位于欧亚板块的边缘，人类早期历史上的历次迁徙浪潮绝大多数都与这块大陆的西部无关。人类的早期移民通常都是从非洲出发，朝着东亚方向迁移，更何况在欧洲，尼安德特人在很长时间里都是无可匹敌的霸主。另外，从气候来看，欧洲也一直是一个并不适宜人类居住的地方，不过，这一缺陷由于丰富的捕猎资源而得到了弥补。同样是气候的原因，新石器文化的崛起以及由此带来的农耕大国的兴起，无一例外都是发生在气候条件更为优越的纬度，从北非到"新月沃土"和印度次大陆，一直到中美洲。

在亚洲和欧洲，动物的种类仿佛是为新石器时代"量身打造"；然而在非洲，随着动物与人类这一食肉物种的协同进化，易于驯化的动物世界早已不复存在。欧亚大陆辽阔无边的土地，使得农作物在气候相似的纬度上传播成为可能，同时也为人类在之后几千年里不断扩张和开拓新的耕地提供了机会。进入新石器时代以后，人类繁衍受到大自然的限制越来越少，由此带来的人口增长造成了资源和劳动力的过剩。于是劳动分工出现，并为丰富多彩的手工艺和战争艺术的发展创造了条件。

尤其是后者，随着青铜时代的开启，更是呈现出蓬勃发展的势头。大约于5300年前，位于亚洲西南端和欧洲入口的近东出现了铜锡合金，3000多年前的铁器时代也是在这里发端。这方面的持续进步得益于贸易的繁荣，毕竟欧洲大陆只有为数不多的幸运地区才拥有这些炙手可热的原材料，而且每一种原料几乎都出自不同的地方。除货物外，还有知识的交流。这些交流同时也带来了基因结构的同质化，而在新石器时代初期，欧亚大陆的人群之间总体上一直保持着彼此隔绝的状态。更为重要的是，与交流相伴的，还有相互间处于竞争与合作关系的各种体制在技术上的不断升级，因为假如不这样做，随时可能被强大的邻邦所超越。

但是，所有这一切仍然无法为欧洲后来在全球权力结构中的崛起提供充分的解释。毫无疑问，欧洲次大陆的地理环境的确为此提供了绝佳的条件：它三面环海，为那些临海而居的人打开了通往四面八方的通道。可是，其他地方也有海洋，比如说东亚。对于航海民族来说，东亚也是一个绝好的起点，南岛扩张便充分说明了这点。事实上，中国早在15世纪初就已经拥有一支庞大的船队，时间远早于欧洲。船队中的八桅船虽然并不像史料文献所称有120米长，但肯定比后来西班牙、葡萄牙、荷兰和英国人使用的船只要大得多。明朝"海军大将"郑和率领的传奇舰队除了运输货物外，还搭载着兵士，以彰显天朝的权力和威严。船队规模最大时，船只数量超过300艘，中国的海上通商范围从西太平洋一直延伸到东非沿岸。由于中国早在11世纪就已经发明了指南针，因此船队可以精准地抵达预定的目标。根据记载，当11世纪末欧洲人的小船出现在东非海岸时，当地居民并没有感到惊奇，这些船上的船帆与之前他们见到的中国船队相比，一定显得十分寒酸。至少可以肯定，葡萄牙人达伽马发现的通往印度的海路，并不是通往印度次大陆的第一条商路。

然而，后来在大洋彼岸发现新大陆的，却并不是中国人。因为在中国，从15世纪中叶起，海上力量的发展不再受到统治者的支持。究其原因，一种流行的解释是：中国统治者是想以此来遏制商业精英阶层的崛起，以免自身地位受到威胁；另外，还有观点认为，船队的花费对朝廷来说过于高昂，所带来的收益远远无法冲抵成本。不管原因如何，其结果是：中国从此退出了国际海上贸易，此后再也没有建成一支装备精良、具有一定规模的船队。而在欧亚大陆的另一端，情况则与此相反。

当哥伦布最终登陆美洲、达伽马绕过好望角、麦哲伦横越太平洋之时，中国在印度洋的势力早已不如往昔。此时距离中华帝国放弃海上雄心，才不到两代人的时间。没有人知道，假如当时东亚的发展呈现出另一番情形，比如说中国船队绕过非洲，然后到达欧洲，或在海上与葡萄牙船队展开较量，世界历史将会如何演变。由此可见，影响人类历史进程的并不止是巧合，而是偶尔也有人的情绪在其中作祟。无论如何，欧洲之所以成为全球霸主，并彻底改变了从美洲到澳大利亚的基因谱系，绝非是上天注定的不二之选。然而决定一旦做出，便再也无法逆转。

美丽的"小河公主"和她的奶酪

中国人的血统有着独特的轨迹。这个东方帝国自古以来便通过丝绸之路与整个欧亚大陆建立了贸易联系，然而从总体上看，中国人在大多数时候都是在自己的地域内活动。从东亚第一批新石器时代成员到今天的汉族，血缘如一道红线贯穿着中国人的

DNA。喜马拉雅山脉和沙漠戈壁等天然屏障，是导致这一结果的重要因素。从 7 世纪起，新建的一座座防御工事让中国与外界之间又多了一重阻隔，这些工事可以被看作中世纪修建的万里长城的雏形。这个耗时数世纪建成的城垣防御体系，目的是阻挡北方草原的游牧匪帮，其效果有时如人所愿，有时则差强人意。不过，从中国人的血统来看，这些外来入侵者几乎没有留下任何基因痕迹，至少在今天的汉族人身上，人们迄今鲜有发现。然而从反向来看，情况则全然不同：东亚人的 DNA 不仅通过南岛扩张传播到各地，而且还一路散布到欧亚大陆的西部。

公元前 1 世纪时，今天新疆维吾尔自治区所在的中国西部地区首次处于华夏文明的控制之下，在当地居民的基因图谱中，可以观察到源于中亚的人口迁徙潮所留下的痕迹。

当年，西部外来移民进入新疆的门户是塔里木盆地。塔里木盆地绵延约 1200 公里，除东面外，其他三面均被高大的山脉环绕。这片如今干旱荒芜、部分被沙漠戈壁覆盖的地区，在大约 4000 年前曾经是名副其实的湖区。进入全新世后，喜马拉雅山冰川融化的雪水源源不断注入塔里木盆地，而且由于没有出口，这些雪水无法流出盆地，不像喜马拉雅山南侧一样，可以通过恒河流入印度洋。因此，随着全新世的到来，人类生存有了更多的可能性，可以在盆地内水草丰茂处安家，以不同的方式过着临水而居的生活。

2004 年在塔里木盆地东部发现的世界上最古老的"干尸"，为此提供了证明。这些干尸埋葬的时间约在 5000 年前，由于气候干燥而保存得十分完好。甚至还有一个格外特殊的随葬品也被一同保存了下来：一块奶酪。蛋白质组学分析显示，这个挂在"小河公主"脖颈上的陪葬品，是一块发酵的奶制品。科学家据此推测，乳制品加工在塔里木盆地早期居民的日常生活中显然占有重要地位。相反，人们在这里并没有发现任何谷物种植的痕迹。除了乳制品加工外，捕鱼在当地也扮演着不可或缺的角色。

2021 年，科学家对塔里木盆地的干尸进行了 DNA 测序。测序结果一方面显示，这些个体与此前生活在当地的狩猎采集者之间，存在着基因上的传承关系。这表明该地区是以自主的方式从狩猎采集社会进入游牧社会的，来自伊朗或中国的新石器时代移民的影响微乎其微；但另一方面，基因测序同时显示，今天生活在该地区的人群与 5000 年前的原住民相比，在基因上呈现出明显的断裂。虽然现代居民身上也携带着与那些干尸相同的 DNA 成分，但比例微不足道。

这些嗜好奶酪的塔里木盆地早期居民的印迹，后来被来自西部的草原人群覆盖。对后者来说，高山显然没有成为不可逾越的障碍。创造了阿凡纳谢沃文化（Afanassjewo-Kulutr）的人群是一场持续数千年的历史变迁的第一个主角，这场变迁塑造了几乎整个欧亚大陆的基因历史，而且影响还不止于此。

5000 多年前，在新石器时代革命难以踏足的寒带草原地区，诞生了强大的游牧文化。在这里，游牧文化的苗壮成长全部依靠放牧，而用于放牧的主要牲畜却是一种在其他地方都无法驯化的动物：马。作为人类的忠实伙伴，马匹直到第一次世界大战前都是必不可少的作战工具。贫瘠的欧亚大陆腹地成为无数马背民族的家园，这些人群沿着东起蒙古、西至匈牙利普斯陶沃奇（Puszta）的"草原公路"，一波又一波来到欧洲。对于他们每个人来说，只要手上有一匹驯服的骏马，这片一望无际的草原就像是一个畅行无阻、无边无际的跑马场，喀尔巴阡山和乌拉尔山不过是途中屈指可数的障碍。

马上与地下

当阿凡纳谢沃文化的骑手们在 5000 年前来到中国西部时，他们已然走过长距离的路途。这一切发生的速度之快，在以往是不可想象的。与此前历次人类迁徙潮不同的是，这些草原人群的繁衍和扩张似乎并不是在草原上经过一代代人的更迭缓慢进行的。更有可能的情况是，他们是把"草原公路"作为通道，到达东部数千公里之外后，作为游牧民族定居下来。最新基因分析结果证实了科学家长期以来的一种猜测：阿凡纳谢沃文化与颜那亚文化（Jamnaja-Kultur）这两个人群之间存在着密切关联。颜那亚文化在同一时间活跃于黑海以北的东欧大草原，从遗传数据来看，这两个文化的成员之间有着很近的血缘关系。也就是说，在哈萨克草原和阿尔泰山脉之间塑造了阿凡纳谢沃文化的这支人群，其源头很可能来自西方。据此推测，这群人从黑海一带出发，到达东部 3000 公里以外的阿尔泰山脉，这中间只经过了两到三代人。这是一场前所未有、只有在马背上才可能实现的迁徙风暴。

据推测，对野马的驯化很可能是在此之前由博泰文化（Botai-Kultur）成员完成的。博泰文化诞生于大约 5700 年前，它是以今天哈萨克斯坦北部的考古发掘地命名的。1980 年代时，人们在这里发现了一群竖穴式房屋，这种建造样式虽然在其他史前人类定居点也偶有出现，但更多是集中在草原地区。这些博泰文化的聚居点大多位于地面以下，其原因很可能是与草原上木材奇缺有关，如果没有木材，人们就很难在地面上完成建造。自从博泰定居点被发现后，考古学家对这处遗址进行了深入挖掘。在 100 多座房屋的内部和周围，出土了几十万块骨头，而且几乎全部都是马的遗骨。很显然，博泰文化的这支人群十分依赖于马匹。他们不仅用马来聚拢羊群。马奶在今天的哈萨克斯坦仍然被视为美味，其中一个原因是马奶在加热后可以很快发酵成为马奶酒（Kumys）。马奶酒的味道类似于酸奶，也略像啤酒，当中含有 1% 到 3% 的酒精。

博泰文化的定居点之间平均相距 150 至 200 公里，因此，牧民在赶着畜群缓慢移动时，彼此之间并不会发生交集。开辟和把控如此广阔的奶牛养殖场，都需要依赖马匹。随着时间的推移，人类渐渐学会了如何与马建立水乳交融的关系。草原人的后代在牙牙学语时就开始练习骑马，最晚到十几岁就可以徒手驾驭马匹。这项技能后来成为马背游牧民族的撒手锏。在当时，谁拥有世界上奔跑速度最快的马匹，并且能在马背上拉弓射箭，谁便掌握了令人闻风丧胆的战争工具。

　　不过，这一新优势在博泰文化中还未得到发挥。这群人在5000多年前，也就是在游牧民族经"草原公路"向东方和西方大规模扩张之前，便已销声匿迹。骑术的改良和完善很可能是在不久后由颜那亚文化的成员完成的。颜那亚文化起源于东欧大草原，持续时间远远超过博泰文化。颜那亚文化的成员也是过着游牧式生活，对他们来说，马显然比其他家畜更为重要，它不仅可以帮助牧民照料畜群，而且还能把人带到仅凭脚力无法抵达的地方。

入侵

　　阿凡纳谢沃文化占领中国西部，只是草原扩张初期东进浪潮中的一部分。大约在同一时间，游牧民也开始向欧洲进发。这场迁徙大潮永久地改变了欧洲次大陆的基因结构。假如放在今天，要完成相同程度的改变，需要100亿携带陌生DNA的个体进入欧洲，然后再从中挑出10亿人送到德国。当时，这些外来移民从东欧大草原和今天乌克兰之间的地带向西迁移，并在短短几个世纪之内带来了欧洲基因结构的又一次巨变，这种改变与欧洲在农耕时代初期所经历的情况不无相似之处。那些在4900年前将绳纹器文化（Schnurkeramik-Kultur）从今天的白俄罗斯带到莱茵河畔的人群，和那些在将近400年后创造出从不列颠群岛经中欧直到伊比利亚半岛的钟形杯文化（Glockenbecher-Kultur）的人群，他们身上所携带的DNA有很大一部分都可追溯到这波移民潮。

这些人从大草原来到欧洲并定居下来后，自然要为适应新环境对原有生活方式进行调整。只经过短短几代人，这群从东欧带来青铜铸造工艺的游牧者便摇身一变，成为躬耕陇亩的农夫。他们乐于将在当地发现的设施拿来为己所用，这方面最有名的例子是英国的巨石阵，草原移民很可能是将其作为祭祀场所。此外，他们还把自己从祖先在中亚驯化的马匹中解放出来，并将这些马匹放归野外。这些马的后代就是今天的普氏野马。与人们长期以来的猜测不同，普氏野马并不是欧洲本土野马，它在基因上可以追溯到博泰文化在草原上驯化的马匹。不过，这些来自草原的移民在欧洲并没有放弃骑马，而是将东欧的马种进行驯化，这或许是因为后者更适应当地的自然环境。

这些外来游牧民转入定居生活之后，"草原公路"并没有因此被废弃，而是从单行道变成了双向道。进入青铜时代后，特别是随着贸易的日趋繁荣，中欧地区的基因开始通过这条草原走廊回流到东方，然后通过中亚，一路抵达阿尔泰山脉。对于之后数千年中发生的每一次人类迁徙潮，阿尔泰山脉都像是通往东方的一道不可跨越的边界。

随着这一自西向东的反向迁徙，一拨又一拨人从欧洲来到中亚。这些移民最迟在4100年前创造了辛塔什塔文化（Sintaschta-Kultur），其传播范围从今天的俄罗斯南部一直到哈萨克斯坦。辛塔什塔文化的成员擅长冶金和铜器制造，并用相关产品与周边人群进行交易。在这一过程中，他们与近东地区那些对铜制品有着极大需求的王国建立了密切的经济联系。后来，从以游牧为

乌拉尔山脚下一处大约建于 4000 年前的辛塔什塔文化（阿尔卡伊姆遗址）定居点的复原图。几十个"联排房屋"围成内外两个环形，外围有一堵 5 米高的土墙作为防护。这处定居点最多可以容纳 2000 名居民

特征的辛塔什塔文化中，又发展出安德罗诺沃文化（Andronowo-Kultur）。后者活跃的年代一直持续到 3000 年前，其势力一度覆盖了从里海到今天蒙古国的大片地域。从安德罗诺沃文化的遗迹来看，我们同样也无法找到任何农耕文明的证据。这些定居点更多呈现出零落分散的特征，大多数只有少量半地穴式房屋。用于支撑的立柱沉入地下 1 米，露出地面的部分再覆上泥土和篱笆。这种建筑方式显然算不上稀奇，因为在同时代的世界其他地区，人们可以见到大量相同样式的房屋。安德罗诺沃文化的这些定居点，其实不过是牧人们的简陋睡房，毕竟他们一生中的大部分时间都是在马背上度过的。

■ 马背民族的优势 ▰▰▰▰▰▰

　　和以往多次迁徙潮一样，这一波来自欧洲东部的大迁徙似乎也是以男性为主体。在所有移民人群中，男性所占比例大概有80%。至少从决定性别的 X 染色体在欧洲的分布，便明显可以看出这一点。整体来看，与其他染色体相比，欧洲人的 X 染色体——女性有两条，男性有一条——所包含的来自草原人群的基因成分明显偏少，也就是说，它更多是遗传自当地女性农耕者。今天欧洲人的 Y 染色体——决定男性性别的染色体——也同样证实了当年的迁徙潮是由男性推动的这一判断。在欧洲大陆一些地方，例如大不列颠和爱尔兰，80% 以上的 Y 染色体是来自草原，而由母系遗传的线粒体 DNA 则没有体现出这种变化。

　　所有这些线索都指向一点：在这场迁徙潮发生的年代，欧洲女性几乎只与新来的移民交配生子。虽然说本土 Y 染色体究竟是以何种方式走向了绝迹，我们不得而知，但毫无疑问的是，在任何暴力对抗中，手持剑戟的骑兵与本地农耕者相比都占有绝对的优势。这场竞争的结局，在这个微小的、除了决定性别之外无关紧要的 Y 染色体基因位点上，留下了一目了然的印记。然而，在今天欧洲人的其他基因组中，草原人基因成分并没有体现出类似的优势：在移民最先到达的欧洲东部和北部，草原人的基因约占大约 50%，越往南比例越小，新石器时代人群的基因成分则相应增多，特别在伊比利亚半岛，因为这里是"草原 DNA"最后到达的地方。欧洲狩猎采集者的"原始 DNA"作为第三种基因成分，是欧洲各地人群的第三大基因支柱，但通常是占比最少的一个。

无所继承，皆可获得

安德罗诺沃文化的广泛传播再次证明，在草原上长久定居是多么缺乏吸引力，而对于有抱负的人来说，做出决定到其他地方去开拓新领地又是多么容易。这个新领地最好是能够骑马去亲戚家串门，周围也许还有相好的牧人作邻居。面对辽阔无际的牧场，农耕作为一种辛苦劳累并且受土地束缚的生存方式，没有很快成为一种有吸引力的选择，这显然是顺理成章的结果，虽然并不能排除有些人或曾做过这样的尝试。

在这方面，木椁墓文化（Srubna-Kultur）的人群尤其具有代表性。木椁墓文化的传播地域是在东欧大草原，与相邻的安德罗诺沃文化有着密切的关联。在颜那亚时代落幕大约800年后，农耕文化在这一地区逐渐兴起。木椁墓文化的定居点是以半地穴式房屋为特征，这些房屋也用于储存粮食。这一时期在大约3200年前宣告结束。这大概是早期人类试图依照新石器时代传统，在草原上建立定居式生活的最后一次认真尝试。这次试验对欧洲和亚洲的历史进程所产生的影响，或许是灾难性的。关于这一问题，我在下文再做详述。

如同木椁墓文化和辛塔什塔文化一样，许多其他草原文化也都很短命，有的只持续了几代人。与此相反，在当时的非洲和近东地区，新石器时代革命所带来的财富爆炸性增长已经催生出稳定的帝国，特别是在埃及和两河流域。与草原上那些一半埋在土里的简陋房屋留下的遗迹相比，埃及和两河流域的帝国给考古学家带来的惊喜无疑要多得多。不过，这并不意味着草原人没有创造出有分量的文化成就。精致的青铜工艺品、马匹的驯化和战车的发明，以及许多草原文化所共有的令人印象深刻的坟冢，便是最好的证明。正是因此，在后来的欧洲绳纹器文化和钟形杯文化中，青铜器和坟冢十分常见。由此衍生出的中欧乌尼蒂茨文化（Aunjetitzer-Kultur）与此相同，在今天德国萨克森－安哈尔特州出土的大约 4000 年前的著名内布拉星象盘（Himmelsscheibe von Nebra），便是这一文化留给后世的杰作。

考虑到草原上的贫瘠条件，草原人在几千年中所取得的不凡成就，无疑令人为之惊叹。正是有了这些成就的铺垫，后来成吉思汗庞大帝国的崛起才成为可能。但是，所有这一切显然不是依赖于农业的繁荣或者资源的丰富。在草原上生活的人，谁要想取得成就，就必须把目光投向地平线以外：不仅是看守远方吃草的牧群，更多是出于对新生活的向往。因此，草原人对生活的感受与平常欧洲人或尼罗河三角洲的农耕者有着本质的不同，但与两百年前那些骑马或驾车穿越辽阔的美洲大陆、最终抵达太平洋海岸的人却不乏相似之处。可以想象，草原人的成长环境既枯燥又乏味，他们在一生中几乎注定要走出家门，闯荡天涯。

如果一个人把希望寄托在父母的遗产上，那么他大概很难有多少收获。一来是因为草原上没有发达的农耕文化，二来是土地资源在这里并不匮乏。与那些人口稠密的新石器时代热点地区不同的是，即使是最强大的草原统治者，也难以依靠占有土地建立王朝政权，因为草原上的土地可谓取之不竭，因此并没有太高的价值。当然，铜矿和青铜在草原上也是价值连城，一座座豪华的坟冢让人毫不怀疑，这里的一些人物也曾积累了富可敌国的财富，甚至可能比世界其他地方的富人更多。但是，这些死者在生前积累的都是物质和有形财富，而不是领地。尤其值得一提的是，这些财富显然也没有传给下一代，而大都变成了那些山丘状墓穴中的陪葬品。

　　然而在同一时代的欧洲，已经出现了一些可被称作父系社会雏形的制度结构。科学家通过对青铜时代初期德国南部莱希河（Lech）沿岸几处定居点墓葬中发现的100多个个体的基因分析，得出了上述结论。根据从墓葬中获得的基因数据，埋葬在那里的女性大都是从外地嫁到这些定居点的，而在男性当中，这种情况只有一例。诸多线索显示，该地区对欧洲青铜时代的生活颇具代表性。如果这一判断属实，那么当时的女性大概在十几岁时便离开家庭，嫁到其他地方，而男性在有条件的情况下则会继承父亲的家业。在这些定居点的墓葬中，人们可以看到出自同一宗族的几十个男性后代，却没有一个来自同一宗族的成年女性后代。此外，墓中陪葬品的另一个特点也证实了这一点：本地女性和从外面嫁过来的女性的陪葬品，比那些无亲无故的"外来户"要奢华得多。后者很可能是外来的务工者，其中或许还有奴隶。所有这些特征，都与父权为中心的氏族制度相吻合。

在欧洲中部地区，与父系社会制度萌芽相关的基因学证据是出自青铜时代早期。
诸多迹象显示，当时的女性在十几岁时便离家嫁入其他宗族

　　即使在草原，那些可以从父母那里得到必要"身家"的子女，
肯定也会拥有明显的起步优势，无论这些"身家"是强壮的马匹，
成群的牲畜，还是与手艺或骑术相关的知识。但是与其他地区相比，
一个人在草原上是否能够把握自己的命运，成功地闯出一番事业，
更多取决于个体自身。要做到这一点，光有勇气是不够的。因为
与当年乘风破浪、向无人居住的太平洋海岛进发的南岛征服者不
同，草原骑手不可能指望自己前往的地域尚未有人类踏足，无论
是东方、西方还是南方。谁要想孤身一人在草原夜幕下驰骋，就
必须要做好准备：当他策马抵达陌生之地时，虽然会引起一片惊叹，

但也会很快为此搭上性命。

在此后几千年里，从草原向四面八方的远征一轮轮上演，以人数众多来建立优势是这类远征的绝对前提。富有号召力的男女首领从一处定居点到另一处定居点游说，将那些渴望探索新世界的年轻人招集到自己的麾下。尽管草原人居住的地方大都位置偏远，然而通过自青铜时代起与欧亚大陆其他地区日益密切的交流，他们清楚地知道，青铜武器、战车、弓箭与马匹结合在一起，会产生多大的威力，可以为他们带来多少财富。不论口若悬河的首领做出怎样的许诺，这些人都不会怀疑，如果顺利的话，他们获得的财富只会比承诺的更多。

印度精英

4900 年前冲击欧洲的草原移民浪潮，靠的正是人数上的优势，这一点明确无误地写在今天人类的基因组中。但是，除了人数优势外，显然还有文化上的优势，这不仅表现在绳纹器文化和钟形杯文化的兴起，而且也通过欧洲的语言得到了反映。以往的所有欧洲语言几乎都被印欧语系所取代，而印欧语系很可能便是来自草原。唯一幸存下来的是巴斯克语，据猜测，其前身是在 7000 多年前随着新石器革命来到伊比利亚半岛的。语言的排挤是文化霸权最确凿的证据之一，先是口语，然后是文字，几乎无一例外。假如不是这样，历史上外来征服者采用当地语言的例子就不会如此之少。

对此，印度提供了一个很特别的例子。根据最新遗传数据，草原扩张大约是在 3600 年前，也就是安德罗诺沃文化的巅峰期，到达印度次大陆。今天印度北部的主要语言是印地语，其来源是属于印欧语系的梵文。随着地域逐渐向南，这个 13 亿人口的国家使用非印欧语系的达罗毗荼语系的人口逐渐增多。与此相应，草原 DNA 的比例由北向南呈下降趋势。在印度北部，草原 DNA 的比例平均为 30%，南部则不到 5%。

草原 DNA 成分不仅在印度北部和南部分布不同，而且在不同人群中也存在差异。恰恰在印度社会特权阶层婆罗门当中，草原 DNA 的占比在北方和南方大致相同，且高于平均水平。婆罗门是印度最高等的种姓，传统上印度教僧侣多数来自这一种姓。在其他种姓中，草原 DNA 的比例都是从北到南逐渐下降；只有在婆罗门中，来自北方的基因如同一条稳定的红线贯穿整个印度次大陆。

从政治角度讲，这一基因学结论难免会有些麻烦。尽管种姓制在印度已不再是正式的社会分级制度，然而它对现实生活仍然有着深刻影响，从出生、结婚到死亡，无一例外。婆罗门作为最高种姓在印度教传统中扮演着特殊角色：他们是《吠陀经》的尊师和学者。《吠陀经》是一部口口相传、后来变成文字的宗教文集。这部文集也记载了北方移民来到印度的历史，而且时间相当精确，约在 4000 年前到 3500 年前。这些北方移民在史料中有时也被称作印度–雅利安人（Indo-Arier），这一点也清楚地表明了婆罗门的地位，因为与许多其他种姓的印度人相比，婆罗门也因肤色较浅而显得更为优越。

虽然说这项新的基因研究结果只能证明婆罗门身上的外来基因成分明显高于平均水平，而并不能证明婆罗门作为独立种群的存在，但即便如此，对传统保守势力来说，他们仍然可以利用这些现代生物技术的分子数据，为早已过时的种姓制度寻找根据。不过，这一切都无法改变一点：印度婆罗门的基因绝大部分也是来自南亚。

致命的变异

对欧洲来说，与印度情况不同的是，草原移民大规模涌入的时间既没有口述记录，更没有书面记载，甚至没有任何相关的考古发现和早期草原移民的古 DNA 样本。其中一个原因是，欧洲大部分地区在 4900 年前还是一片无人之地。至少就草原人扩张这 150 年而言，人们在这里几乎没有找到一块当年留下的人类遗骸，也没有发现一处定居点遗迹。当草原移民从东方一路驰骋，最终来到中欧地区时，当地的人烟显然还十分稀少。至于说这些寥寥无几的欧洲原住民与草原人相遇后究竟经历了什么，我们无从知晓，但最起码，我们没有看到任何大规模杀戮的迹象。

有明确证据的是另一样东西，它比最锋利的青铜剑和奔跑最快的战马更加致命，这便是所谓的石器时代瘟疫。目前已知最古老的鼠疫细菌在 2017 年被测序，其样本提取自 4900 年前埋在东欧大草原的骸骨，而这一地区很可能便是草原移民潮的起始地。从那时起，对来自中欧和东欧各地的石器时代菌株进行的基因分析一再证实了这样的猜测：石器时代鼠疫的传播经过了与前不久东方草原移民同样的路径，最后又在 3600 年前随着移民的反向迁徙传播到阿尔泰山。所有这些线索都表明，当年是一场瘟疫为草原移民铺平了道路。在长达 150 年时间的黑暗时期，欧洲的定居点仿佛在一夜间消失，原因很可能是东欧草原人之前与今天保加利亚地区的人群之间发生的零星接触，这些接触可以通过基因分析得到证明。

不过，石器时代鼠疫的细菌基因组中缺少一个成分（这一点也已通过基因分析得到了证实），而这一成分是后来导致大规模死亡的 6 世纪查士丁尼大瘟疫和 14 世纪黑死病的元凶。石器时代的病原体所引发的很可能是人与人之间通过呼吸道传播的肺鼠疫，即通过感染者咳出肺部的微小颗粒把病菌传给下一个人。后来的腺鼠疫则有一个效率更高的传染途径，这便是当时无处不在的跳蚤，由这种嗜血昆虫通过叮咬将病菌在啮齿动物和人类之间进行传播。腺鼠疫杆菌一些致病基因的突变，可以使吸入已感染血液的跳蚤体内形成细菌团块，将胃关闭和封堵住。因此，跳蚤在新宿主身上吸入的每滴血都会染上鼠疫杆菌，并立刻再被吐回到宿主体内。被堵住胃而无法消化血液的跳蚤饥饿难忍，于是这个过程便不断重复，不断有新的受害者被感染，直到跳蚤死去。

因此，在人类与啮齿动物共存的地方，随时都有腺鼠疫爆发的危险。在当时的卫生条件下，跳蚤根本不可能被杀绝。目前已知最古老的腺鼠疫基因组序列发表于 2018 年，这个基因组来自俄罗斯南部城市萨马拉（Samara）周边地区，距今已有 3800 年，而这正是木椁墓文化开始尝试种植谷物的地点和年代。谷物储存是耕种的一部分，在那个时代，粮仓几乎无一例外都会存在鼠患。于是，这便为肺鼠疫杆菌变异为腺鼠疫杆菌打下了基础。腺鼠疫的致命性虽然比肺鼠疫略低，但传播性却强得多。时至今日，中亚地区的啮齿类动物仍然是腺鼠疫杆菌最顽强的宿主之一。

腺鼠疫出现后不久，草原上的文化便相继衰落，木椁墓文化首当其冲。许多迹象表明，腺鼠疫杆菌在后来几个世纪里通过"草原公路"也传播到了欧亚大陆其他地区，科学家在古老的骨骼化石中发现新的证据，只是迟早的事情。特别是关于腺鼠疫由东向西的传播路线，如今已有明确线索，其中一部分线索是来自当时近东地区的各大权力中心。

在中亚地区第一次爆发腺鼠疫的年代，亚述帝国统治着幼发拉底河和底格里斯河流域，埃及新王国的疆域一直延伸到黎巴嫩，赫梯人占据着安纳托利亚，爱琴海及沿岸则是迈锡尼人和米诺斯人的地盘。但是在 3300 年前，这些地区却纷纷陷入动荡甚至恐慌，至少在当时留下的文献史料中，可以看到不少相关的记述。这些记述中经常提到从海上来的敌人，这些人今天在考古学中被称作"海上民族"。3200 年前赫梯帝国覆灭，在之后的几十年里，相邻的帝国就像退潮一般相继衰落。这一时期的文献中也出现过有关"赫梯瘟疫"的记载。就像当年欧洲经历草原移民潮时一样，整个近东陷入了衰败，在将近一个半世纪的时间里，没有留下一篇历史著述和文献，只有一个个衰落的城市和国家。

2019 年，科学家通过对来自黎巴嫩和以色列的 DNA 样本的分析，证实了当时文献中有关海上民族入侵的说法，并进一步强化了外族入侵的同时伴随着鼠疫大流行的猜测。研究结果显示，海上民族抵达之后，当地人口结构发生了明显变化。此后，当地居民的基因中出现了一种以往在黎凡特地区不曾有过的新的基因成分，这种成分来自南欧。一种可能的情况是，这里同样是鼠疫导致了原住民的大规模死亡，从而为未来新移民的到来铺平了道路。

在东方遭遇失败的人

在鼠疫之后的几个世纪里，草原上没有发生太多的事情，直到 2800 年前斯基泰人在地平线上出现。斯基泰人属于游牧民族，他们彻底地放弃了定居式生活，甚至连简单的耕种也不再进行。他们比以往的草原文化更加依赖马匹，并以此开辟了一个辽阔帝国，其疆域一度从东欧一直延伸到阿尔泰山脉。斯基泰人本身是一个多族裔共同体，从基因结构看，他们与几个世纪前的草原人有着明显差异，这一点也间接证明了此前瘟疫流行所导致的人口锐减。斯基泰人只是 15 世纪以前不断对欧洲发动入侵的众多游牧民族当中的一个。这些马背民族之所以不断将西方作为主要目标，一方面与地中海地区的财富有关，另一方面是与东部的一道道天然和人为屏障有关，这些屏障为入侵者进入富饶的华夏大地造成了巨大困难。于是，欧洲变成了人们眼中更容易得手的猎物，特别是对那些在东方屡屡碰壁的人来说。

在斯基泰人入侵欧洲大约 1000 年之后陆续来犯的游牧民族当中，有一支大概是由柔然部落余部组成的势力。这群人可能是在中国被打败后转头来到西方，并在这里建立起阿瓦尔汗国。此前，这一观点只是一种不乏合理性的推测，而如今则通过基因数据得到了确认。

公元 568 年，阿瓦尔人夺取了对今天匈牙利西部的喀尔巴阡盆地的统治权。在接下来的几十年中，阿瓦尔人在喀尔巴阡山脉和巴尔干山脉之间的势力不断扩大，以至有资本可以向相邻的拜占庭帝国和法兰克王国索要贡赋。阿瓦尔人以此积累的财富大部分被他们带进了坟墓，这与同时代那些皈依基督教的欧洲人截然不同，后者对这种针对来世的陪葬传统几乎已变得陌生。对考古学家和考古遗传学家来说，阿瓦尔人的墓葬习俗是一件幸事，因为借助这些丰富的墓葬品，可以准确地推测出墓葬主人的身份。而且，阿瓦尔人还为后世留下了数千具保存完好的骨骼，研究人员近年来已从中成功分离出 DNA。研究结果表明，阿瓦尔人在基因结构上果然与当时远在东方的柔然人十分相似，而柔然人又与今天中国东北地区的居民有着很近的血缘关系。

虽然不能据此做出明确判断，阿瓦尔人是否确实是柔然人的后裔，还是该地区另一支游牧民族的后代，但基因分析的结果却不容置疑地说明了一点：这群人的扩张速度之快前所未有，简直

公元 6 世纪，亚洲游牧民族在今天匈牙利一带建立了传奇的阿瓦尔汗国。"大圣尼古拉城宝藏"被认为是阿瓦尔人的遗物，尽管这批宝藏在当时的所属权关系如今已无从考证

可以说是长驱直入，大概只用了 10 到 20 年的时间，便从欧亚大陆的最东端到达了欧洲中部。根据拜占庭人的描述，阿瓦尔人梳着奇特的发式，其外貌具有典型的异族特征。而且，这些人世世代代都不与外人往来，而是作为东亚移民在欧洲腹地过着类似离散地式的生活。不过，这种情况显然只存在于精英阶层。在陪葬品丰富的阿瓦尔人墓穴出土的遗骨中，几乎只有纯正的东亚DNA；而在那些简陋墓葬的骨骼化石中，人们则发现了相当多的欧洲基因成分。很显然，那些地位高贵的阿瓦尔人没有和欧洲人发生混血，而普通百姓则不是这样。

博斯普鲁斯海峡边的凯旋

随着 9 世纪阿瓦尔汗国的覆灭，阿瓦尔人的基因痕迹也迅速消失，随即淹没在欧洲人巨大的基因库中。另一次颇具影响的草原移民潮也曾经历这一过程，如今，这起事件只在移民潮刚刚过去几百年后的某些个体身上，还能找到依稀的痕迹。这条基因线索同样在草原最西端被发现，在 12 世纪下半叶统治匈牙利王国的贝拉三世（Béla III）的尸骨中。贝拉三世是匈牙利第一任大公阿尔帕德（Árpád）的嫡系后代，后者在大约 300 年之前率领马扎尔人成功在喀尔巴阡山脉地区落脚。据史料记载，马扎尔人的祖先是生活在黑海以北的游牧民。他们一路迁徙，也把芬兰－乌戈尔语族（finno-ugrische Sprachfamilie）带到了新的领地。在今天的欧洲，这一语族的各种语言主要是在芬兰、爱沙尼亚和匈牙利等地通行。

事实上，这种起源理论也可以通过 DNA 分析得到支持，至少对于贝拉三世来说是这样：他的 Y 染色体，也就是从先祖阿尔帕德那里继承下来、沿父系一脉传递的基因位点，明显起源于中亚，但其余基因组的结构却与当时中欧地区的基因库没有任何不同。由此可以推测，阿尔帕德这一荣耀家族很可能是在第一位大公的率领下，跟随一个庞大的马扎尔游牧部落进入到欧洲，在此之后，这一族人很快便融入了周围的人群。甚至连王子们也与中欧本地的统治者家族通婚，其原始基因特征只在 Y 染色体中留下了痕迹，而没有在后来匈牙利统治者的面容轮廓中得到体现。

在今天的匈牙利，人们已经找不到任何印证其草原游牧民族起源的线索。近年来，认为匈牙利人源自匈王阿提拉的带有明显民族主义倾向的观点再度复苏，但是，这一观点同样也没有遗传学证据作为支持。匈人很可能不是一个独立的族群，而是由不同游牧部落组成的混合体。这群人纵马驰骋，一路闯入欧洲东部，在今天匈牙利所在的地域建立起自己的王国，并在5世纪阿提拉统治时让罗马帝国东西两部分都陷入了恐惧和动荡。

许多历史学家认为，匈人的起源与阿瓦尔人相仿。根据这派观点，匈人的源头有可能是1世纪时在中国北部边境被汉王朝打败的匈奴帝国。但是，这种猜测就像史学界在谈到历史上多次草原移民潮时所提出的观点一样，几乎没有任何史料作为依据。

与此同理，与另一场影响深远的草原移民潮有关的起源说，也是一个很难证明、但不乏合理性的猜测：今天的"突厥民族"原本是由游牧部落组成的一个松散联盟，其源头可能是在哈萨克斯坦草原和中国东北之间的某个地域。11世纪时，这些讲突厥语的征服者一路攻入安纳托利亚，其后代建立起强大的奥斯曼帝国。如今，突厥语族的分布地带从博斯普鲁斯海峡一直延伸到中国。

枪炮与病菌

中世纪晚期，持续数千年、给欧洲造成深远影响的草原移民时代终于落下帷幕。这是一个伴随着恐怖的结束。当成吉思汗于11 和 12 世纪将众多蒙古部落聚集在一起之后，一个世界帝国在他和子孙的统领下一步步崛起，其疆域不仅一直延伸到今天的乌克兰，而且在成吉思汗的孙子忽必烈称帝后，元朝持续存在长达108 年。直到 1368 年，元朝统治才宣告结束。

另一个源自成吉思汗征服之旅的后继王国是金帐汗国，地域从西伯利亚西部一直延伸到黑海北部海岸。1346 年，黑死病也是沿着这条通道传入了欧洲。遗传分析证实，这是一次绝无仅有的腺鼠疫菌株入侵事件。据史料记载，金帐汗国的进攻者把黑死病患者的尸体当作生化武器，从黑海城市卡法的城墙外抛进城内，用这种在他们那里肆虐已久的疾病来攻破敌军城防。攻城战如愿取得了胜利。黑死病这个中世纪最致命的瘟疫，则随着乘船逃难的百姓一起被带到中欧，然后以星火燎原之势迅速蔓延。在这场毁灭性的黑死病大流行之后，鼠疫病菌仍然留在欧洲人和亚洲人生活当中。根据文献记载，从那时以来，在中世纪和近现代时期的欧洲，发生过至少 7000 起鼠疫，距离今天最近的一次鼠疫疫2017 年发生在马达加斯加。每一次鼠疫——包括 19 世纪中叶从香港开始爆发的第三次全球性鼠疫——都是源自近 700 年前蒙古军队用武力精准传播的那一支鼠疫菌株。直到 20 世纪初抗生素发明后，人类对这种致命性疾病（以及许多其他疾病）的恐惧才彻底消除。

青铜时代以及之后的铁器时代，将整个欧亚大陆变成了一个充斥着刀光剑影和腥风血雨的大陆。但是，对历史进程同样具有

14 世纪，黑死病让整个欧洲陷入担忧与恐慌，它给人类带来的创伤久久无法愈合。在接下来的 400 多年，鼠疫如潮水般一次又一次席卷世界

深刻影响，乃至毁灭性作用的是病毒和细菌。鼠疫、麻风、结核病、天花、麻疹、流感以及许多我们甚至不知道名字的病原体，究竟夺去了人类多少生命，我们今天已无从获知，甚至无法根据推测得出一个大致结论。但有一件事是确定无疑的：新石器时代的欧洲人和亚洲人通过与病原体的共同进化，成功建立起一套强大的免疫系统。当美洲、澳大利亚和大洋洲被新移民征服时，当地原住民身上还缺少这层保护。

航海术、武器技术以及中国皇帝做出的一个宿命般的决定——放弃舰队，或许正是这些因素的共同作用，为欧洲人从 16 世纪起一步步走向世界霸权铺平了道路。在这一过程中，微生物和没有生命的分子团，逐渐变成他们手中最可怕的武器之一。最初，人类对其作用原理的认识还处于懵懂阶段。然而，就在人类已经迈入 21 世纪的今天，这些武器的强大威力又一次让人类面临生存根基动摇的危险。

第十章　傲慢的物种

二十一世纪让我们放下了幻想：

我们并非无所不能。

难道是病毒把我们变成了现在的样子？

在未来的道路上，进化不会再给我们帮助；

今后的路，我们必须自己走。

在银河系中，前景并不乐观。

银河系距离

盾 牌 一 半 人 马 臂

银河系（我们所处的星系）

矩 尺 臂

大约 1000 亿个太阳系

黑洞

太阳 猎 户

英 仙 臂

天 鹅 臂

0　　　　　　　　　　　　　　50 000 光年

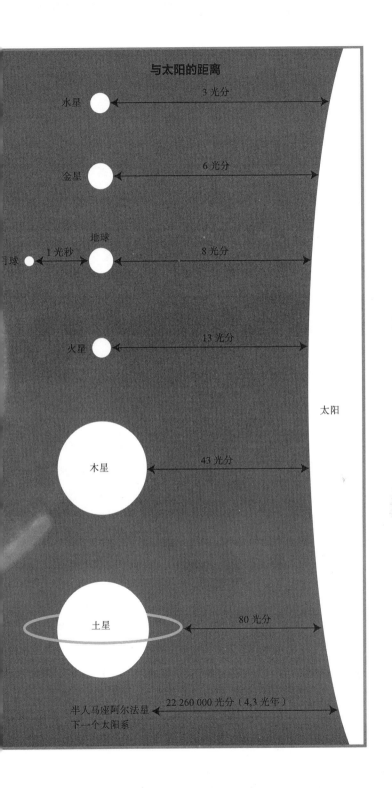

与太阳的距离

水星　　3 光分

金星　　6 光分

地球　月球　1 光秒　8 光分

火星　　13 光分

太阳

木星　　43 光分

土星　　80 光分

半人马座阿尔法星　22 260 000 光分（4,3 光年）
下一个太阳系

病原体"坦克"

黑死病是一场千年不遇的灾难，它为时代的转折做出了铺垫。在当时的欧洲人当中，至少有三成被这场瘟疫夺去了性命，有人甚至猜测，其比例高达五成。在这场瘟疫之前，人类刚刚经历了一个漫长的增长期，带来增长的原因之一是中世纪温暖时期所导致的气候变化。该时期始于第一个千年的尾声，大约持续了300年。特别是北半球，气温的上升带来了农业收成的持续增长。在一段时间里，格陵兰岛甚至都有维京人居住。在欧洲大部分地区，人口的爆炸性增长导致城市人口过度密集以及卫生条件极端恶化，为瘟疫的爆发埋下了隐患。因此，黑死病几乎是一个必然的结果。当时的欧洲人自认为身处永无止境的繁荣之中，丝毫没有意识到致命的危险行将降临在他们和家人的头上。

14世纪中叶，黑死病席卷欧洲。正是在这个世纪，温暖时期逐渐走到了终点。维京人开始从格陵兰撤退。在北半球，特别是欧洲、亚洲和美洲，连年的农业歉收不断引发饥荒。关于气温下降的原因，科学家提出了不同的观点，其中包括太阳辐射的减弱，

经历了一个漫长的温暖时期（维京人甚至一度在格陵兰岛上定居），人类于 15 世纪进入了小冰期。有观点认为，这是人类、病原体和气候之间相互作用所导致的结果

以及火山大爆发对大气层造成的影响，等等。美国古气候学家威廉·鲁迪曼（William Ruddiman）提出了一个独特的见解：根据他的理论，瘟疫后人口数量的急剧下降，同时也导致了耕地面积的减少，因为不需要太多的粮食，就能够满足人们的需求。耕地的减少难免会带来森林的扩大，从而使得大气中的二氧化碳含量随之下降。直到 19 世纪，这种由小冰期（Kleine Eiszeit）引起的气温下降——其表现在不同的大陆各有不同——才最终被全球变暖所代替。如今，对于全球变暖的加剧，人类几乎已经失去了控制。

鲁迪曼的理论只是众多理论之一。但是，黑死病给欧洲和世界历史带来的颠覆性影响却是无可争议的。瘟疫之后，人口的急剧减少使得劳动力的价格大大攀升。与此同时，由于耕地过剩，土地所有者原有的精英地位被严重削弱。随着货币流通的增加，手工业和贸易的地位不断提高。城市规模日益扩大，商人以汉萨同盟的形式组成联盟，自信的市民阶层将中世纪社会一步步引向现代社会。在这个新时代里，欧洲人将成为整个世界的征服者。在高度复杂、受多种因素作用的欧洲和亚洲历史中，黑死病肯定不是起决定性作用的因素，但是大概不会有任何人会低估这场灾难对欧亚大陆发展走向的影响。

其他几次瘟疫也是如此。542 年的查士丁尼大瘟疫也是由鼠疫杆菌所引发，这场大瘟疫在君士坦丁堡爆发后，一直蔓延到英格兰，成为东罗马帝国西进计划失败的重要原因之一。一些迹象显示，许多王国的衰落都与青铜时代的瘟疫存在时间上的关联。2 世纪肆虐罗马的安东尼大瘟疫，从症状描述来看更像是天花。而且截至目前，人们并没有从那个时期的墓穴中发现鼠疫杆菌的 DNA。直到 1970 年代，天花才通过疫苗接种被彻底根除。在整个人类历史上，被天花夺去的生命很可能超过我们已知的其他任何疾病。

迄今为止，只有细菌引起的传染病可以借助考古遗传学手段得到追溯。然而对于病毒，由于它们的遗传物质通常不是 DNA，而是更不稳定的 RNA，因此几乎不可能被重建。[27] 唯一的例外是乙型肝炎病毒，这是一种 DNA 病毒。这种病毒堪称高危病原体入侵人类生态系统的典型代表，这一过程往往是灾难性的，而且不可逆转。在全球狩猎采集者中都能检测到乙型肝炎病毒，其中最古老的样本来自南美洲一个死于1.2万年前的个体。族谱分析显示，该病毒很可能是在大约2万年前由东南亚的旧世界猴传给人类，其渠道可能是血液接触或食用未烤（煮）熟的猴肉——这是一种经典的人畜共患疾病。此后，这种病毒在全世界范围内传播，并且一直延续到今天。超过20亿人曾经或刚刚感染乙型肝炎病毒，每年约有100万人因此失去生命。乙肝病毒感染可能导致慢性疾病，也可能引发急性而且往往是致命性肝炎。[28]

我们今天所了解的只是人类传染病历史中最极端的案例。在世界上那些气候温暖潮湿的地区，许多病原体有着绝佳的生存条件，但痕迹也更容易被分解，因此对于考古遗传学家来说几乎无法追踪。在过去几千年里，各种细菌和病毒在全球到处肆虐，不仅在欧亚大陆，而且也包括非洲；在那里，人类免疫系统花费了更长的时间来适应这些病原体。对于征服美洲的近代欧洲人来说，病原体就像一辆坦克，他们驾驶着它一路碾过整个美洲大陆。面对这辆"坦克"，当地原住民几乎毫无招架之力。

2018年，考古学家在墨西哥南部的一片瘟疫坟场发现了一种最初由欧洲人带到美洲的伤寒杆菌。这种病菌在16世纪中叶导致了被当地阿兹特克人称为科科利兹特利（Cocoliztli）的大流行，中美洲近一半人丧生。此外，来自非洲的传染病也被带到了美洲，并在当地居民中广泛传播。例如，2020年研究人员在当年被欧洲人运到美洲的非洲奴隶的遗骨中，发现了热带肉芽肿（Frambösie）病菌。这是一种类似梅毒的致命病原体，往往会在人类体内潜伏数十年，当人体免疫力下降时发作。

高度发达的免疫系统将欧洲人与非洲人捆在了一起，不过是在截然不同的意义上：当欧洲人不仅把南美洲人变成奴隶，而且还用从欧洲带来的疾病消灭了这些原住民之后，开始把目光瞄准了抵抗力更强、因而也更耐用的非洲奴隶，那些对旧世界的病原体具有天生免疫力的人群。因此，与世界新霸主的相遇并没有给后者造成致命后果。

■ 为下一场瘟疫培育种子 ■

在过去几十年里，致病微生物的破坏力在西方发达国家逐渐被淡忘，然而对于低收入国家的老百姓来说，这种危险始终存在。如今，新冠疫情的爆发如同警钟，让整个人类再次意识到病原体的威力。

新冠病毒虽然不能与黑死病相比，然而没有人能够排除，或许某一天会出现某种像黑死病一样威力强大的病原体，在全球各地肆虐。在过去几年中，埃博拉病毒已经在朝着这个方向发展，只是因为非洲大陆与北半球相比，参与全球商品与人员流通的程度较低，疫情的传播才成功得到了控制。如今，滥用抗生素现象十分普遍的大规模动物养殖业，已经成为新的抗生素耐药病菌的孕育地。据估计，每年大约有70万人由于这个原因丧命，其中20万人死于耐药性结核菌，且趋势逐年上升。假如有一天，在以满足人类肉食需求为目的的屠宰场上，出现某种高度传染性和致命性的病原体，很可能将引发一场比新冠疫情更严重的瘟疫。我们目前所做的许多事情，几乎都是在为这种病原体的诞生培育种子。

但是，根据既往经验以及对新型抗生素研发的乐观预期（这些抗生素不会立刻被用于农业），下一次瘟疫更有可能是由病毒引起，其中最大的危险是来自新型流感病毒。例如，H1N1病毒与西班牙流感一起被传染给人类，在1918和1919年的大流行中造成死亡的人数远远超过第一次世界大战。H1N1病毒是2005年完成基因组测序的第一个来自过去的病毒株。2008和2009年的猪流感也是由H1N1病毒引起，这次疫情的破坏力之所以相对较轻，有可能是因为许多中老年人在年轻时曾经接触过这种病毒，对此具有免疫力。据专家分析，引发西班牙流感的病原体的活动很可能一直持续到1960年代。如果这场猪流感具有当年西班牙流感一样的威力，由于此时人口数量和流动性都远远超过从前，全球死亡人数有可能会达到数亿。而这次，最后的死亡人数最多"只有"50万人。

夭折的尼安德特人

鉴于人类历史进程中有无数人被病毒夺去生命，我们一定会觉得，那种认为这些无生命的分子团也有着某种积极一面的想法简直荒唐之极。但事实确是如此。假如没有病毒，人类的进化或许根本就不可能发生；即使发生，也绝不会是以迄今所经历的这般突飞猛进的速度。这是因为，病毒不仅会感染有机体以利用后者的复制机制进行自我繁殖，有时候它们也会把自己变成 DNA 的一部分。HIV 病毒便是一个例子：这种逆转录病毒（Retrovirus）侵入人类细胞的基因组，通过改变细胞结构使人体成为针对自身的"弹药制造厂"。[29] 相反，另一些病毒则在进化过程中逐渐失去了形成病毒外壳的能力，其结果是，它们只能复制自身的遗传物质，将其植入宿主的基因组。这种基因组病毒也被称为逆转录转座子（Retrotransposons）。几乎所有生物的 DNA 都充斥着这类病毒，我们人类基因组中有近一半来自逆转录转座子。而这并不是一件坏事。

因为逆转录转座子可以加速进化。当这些基因组病毒嵌入人体染色体时，可能会导致一连串进阶式反应。由于 DNA 不断自我复制并在相互之间进行重组，在理想情况下，新的核酸序列的加入就会变成一张制胜王牌。它在基因组中发挥的作用，正是决定种群规模的关键：差异越大，在进化竞争中获胜的概率就越大。

举个例子：鸟类是一种携带逆转录转座子较少的生物，逆转录转座子在鸟类基因组中的比例不到 10%，但这没有妨碍它们成为天空的统治者。不过，在鸟类身上同时也表现出惊人的遗传稳定性，其基因可以一直追溯到最原始的鸟类，即始祖鸟（Archäopteryx）。鸟类的染色体在过去 1.5 亿年中尽管也发生过变化，但基本结构在很大程度上仍然保持着初始的形态。人类及其近亲的情况则全然不同。在这些物种身上，不仅基因组病毒的比例高于其他动物，而且它们当中的 ALU 逆转录转座子组群占据着主导地位。这些 ALU 元件是病毒基因组中的"涡轮增压器"，是给进化步伐带来高频节奏的重要动力。尽管所有灵长类动物的基因组都有这些 ALU 元件，但是在过去 4000 万年中，它们在旧世界猴中扩散得最广。这或许是人类之所以是在非洲，而不是在新世界猴的故乡、气候同样适宜的南美洲完成进化的原因之一。

值得一提的是，基因组的高变异性未必一定会成为进化上的制胜因素。毕竟，不断变化的基因特征只有在适应自然环境的前提下才是有利的。对于人属（Homo）来说，情况的确如此：其快速进化以及向北方蔓延的过程都发生在冰河时期，也就是气候反复无常、极端气候频繁出现的一个时期，要想在这样的环境里生存下去，必须具备格外强大的适应力。我们之所以清楚这一点，是因为我们已经站到了进化阶梯最顶端。但是，类人猿家族在数百万年里留下的遗传轨迹，以及所有那些消失的基因线——无论是在非洲，还是古猿乌多所在的阿尔卑斯山山脚——都让我们清楚地看到，在这条进化道路上的各种分支中，能够长久坚持下来的可谓微乎其微。在黑猩猩、倭黑猩猩和现代人的共同祖先诞生后的漫长岁月里，只有三种类人猿做到了这一点：黑猩猩、倭黑猩猩和现代人。

在这方面，人类凭借"少即是多"的策略赢得了胜利。我们可以从尼安德特人如彗星般闪耀崛起和迅速陨落的过程得出这一结论。如果观察一下人类和尼安德特人的共同祖先，我们不难发现，人类与直立人在遗传上的相似性显然比与尼安德特人更为紧密。

尼安德特人头部扁平，眉骨突出，鼻子硕大且鼻旁窦发达，这一古人类种群在容貌特征上与原始形态明显拉开了距离，比人类祖先的进化步伐要大得多。在冰河时期，正是这些快速发生的基因突变，使得这些人类近亲得以进入寒冷的北方。尤其值得一提的是，尼安德特人的体形格外健硕，其身体体积和表面积的比例可减少热量从表层皮肤散失。

尼安德特人这一时期在欧洲所经历的短跑冲刺式的演化过程，就像一个狂徒怀着病态热情在冰天雪地里挖掘一条越来越深的隧道。在这方面，他们比所有人种都更加擅长。但是一旦有一天，环境变化需要更强的适应性和灵活性，以便向四周开拓新的生存空间和狩猎场，这时的尼安德特人却仍在紧盯着冰冷的洞穴不放。对他来说，这一步进化已经超越了他的能力极限。

人类的瘟疫般威力

正如我们所知，经过数十万年和无数次失败尝试后，我们的祖先成功将尼安德特人和丹尼索瓦人的地盘抢到了自己手中。虽然历经挫折，但人类毕竟赢得了胜利，而这一切都是在北方极端气候并未发生大的改变的前提下发生的。这让我们不由得把视线转向了生物学因素。假如不是因为这方面因素，现代人如何能够在世界历史进程的转瞬之间，便将足迹踏遍整个地球？这是此前尼安德特人和丹尼索瓦人始终未能做到的事情，也是那些更古老的现代人始祖曾经一次次尝试，却又一次次碰壁的事情。

在后来征服整个地球的这些人类移民的基因中，一定有某样东西是前所未有的。与此相关的线索来自冰河时代末期：当时，全新世尚未完全拉开序幕，农耕文化便在世界许多地方生根开花，各地的农业发展虽然彼此独立，但模式却一般无二。在近东地区，人类仅用了不到 1000 年的时间，便利用新的气候条件完成了土地耕种和动物驯化。假如这件事只是发生在一个地方，那么我们还可以将其归结为偶然的侥幸。但是，同样的一幕不久后便在亚洲的另一端重演，稍后又在美洲和非洲再次出现。在印度和新几内亚，人类或许也在未受外界影响的情况下，独立完成了一场新石器革命。有关植物栽培的知识并没有刻在人类基因中，这一点显然毋庸置疑。但是，瞬时"顿悟"的能力，即尤里卡效应（Aha-Moment），却很可能是由基因决定的。从非洲到美洲的所有人类，显然都具有这种智性上的天赋。可是，为什么此前的人类不具备这种能力呢？

我们不妨回想一下：12.6 万年前，冰河时代被埃姆间冰期打断。这一时期持续了整整 1.1 万年，与全新世开始到今天的时间一样长。在埃姆间冰期，近东地区很可能已有现代人生活。在这个时期，全球平均气温的上升远远超过了全新世以来的任何时期。而在今天以色列所在的地区，当时肯定也具备良好的农耕条件。可是，在长达 1.1 万年的时间里，人类却一如既往，仍然过着狩猎采集式的生活。他们从未萌生过这样的念头：把谷粒埋进土里，然后看看会发生什么。

　　否则，人类的崛起或许早在那时便已起步，那样的话，我们今天大概就不是生活在 21 世纪，而是 115 世纪。与此同理：假如人类在进入全新世之后的 1.1 万年里，始终没能意识到气温上升给人类文明带来了哪些新的可能性，那么今天的人类也有可能依然在过着原始的游荡生活，四处打猎和采集野果，怡然自得地享用着温暖期带来的丰富食物。但是很显然，人类基因结构后来出现了某种变化，才使得今天的一切成为可能。

　　这种变化很可能只是人类基因组中的几处突变，而这些突变恰好发生在人类 DNA 最重要的位点上。对于不仅仅是我们人类，而是整个地球生态系统的进化而言，这是一次具有巨大冲击力的转变。从那时起，人类开始在地球上如野草般蔓延。任何阻碍其发展或可供其利用的事物，无一不成为人类暴力之下的牺牲品。这只来自非洲、长着一副无害面孔的猿猴经过变异，把自己变成了一支瘟疫般的力量。

寻找自我的徒劳尝试

　　对于非洲以外的大型动物来说，人类的到来几乎总是意味着灭绝。幸存下来的各种动物不得不去适应新的主人，或从此陷入进化瓶颈，并最终成为服务于人类的家畜。每一片大陆和海洋都留下了人类的痕迹，就连在地球上存在了几百万年的森林和生物遗骸，也以煤和石油的形式几乎在转瞬间被人类消耗殆尽。如今，我们已经进入了一个新的地质时代，在这个时代里，我们部分不可逆转地改变了地球及其保护性外壳的形态，这个时代被称为人类世（Anthropozän）。它取代了全新世——持续至今的自然界的温暖期。如果说以往是外部环境影响了地球上无数生物的进化，那么现如今，则是一个单一的物种不可逆转地改变了地球的形态。就像核裂变是从一个原子核分裂成两个原子开始，并释放出危险情况下甚至是不可控制的巨大能量一样，人类祖先基因中的偶发性突变通过相互作用，释放出一股气势磅礴的进化力量。这股力量将阻挡它的一切夷为平地，直到再没有事物能够脱离它的统治而存在。

随着新石器时代的到来，人类对自身不可战胜力的信仰进入了一个新的境界，并随着以财富、父权制和战争征服为标志的青铜时代的来临达到了新的巅峰。唯一让人类几乎束手无策的，是一股看不见的自然力量。在无奈之际，人类只能把这些致命的疾病和传染病解释为神的惩罚，一种由其自身创造和想象出来的超自然神灵所掌握的工具。人类借此回避了一个早在远古文化刚刚萌芽时——以墓葬和陪葬品文化为表现——便曾拒绝承认的事实：人类原本也是大自然轮回的一部分，是众多动物中的一种，其存在依赖有利的自然环境；在环境极端恶劣的情况下，他随时有可能被某个看不见的敌人夺去生命。

随着疫苗和抗生素的问世，人类最迟于20世纪上半叶进入了一个新的阶段。从此，来自病毒的神秘力量也被人类征服。通过日常生活和医学领域中卫生学观念的普及，再加上药物学的飞速进展，现代人终于从大自然的束缚中得到了解放，至少在他们看来似乎如此。曾经令人畏惧的传染病在许多人眼中，已然成为昔日的遗迹。医学研究也逐渐将焦点转向了与现代文明疾病的斗争，比如说营养过剩、体力劳动减少以及危险嗜好品消费所造成的后果。

破译人类基因密码，通过基因编辑来修复、在极端情况下甚至永久地改变人类基因组，这方面的技术如今已成为医学进步的最新成果。自 20 世纪以来，人类在医学领域取得新突破的间隔变得越来越短。所有这些进步都有同一个目标，这便是最大限度地挖掘人体机能的潜力。在人类与疾病的斗争中，基因组测序已经成为不可或缺的组成部分。过不了多久，这项技术肯定也将用于生命的优化。在人类眼里，进化是如此重要，我们绝不能失去对它的掌控。

20 世纪把智人（Homo sapiens）变成了"狂人"（Homo hybris）。我们比以往任何时候都更善于使用自己的大脑——这个将人类与其他生物区分开的器官。正是这个器官让我们得以到达今天的地步，让我们能够按照自己的意愿塑造和剥削地球，甚至超越了它的承受极限。如今，这个星球的边界就在我们眼前，进化的本能已无法帮助人类再继续前进。我们已经意识到了这一点，因为我们是聪明的物种。然而，仅有意识是远远不够的。

在人类崛起成为支配物种的过程中，我们将一个个竞争对手排挤出局。在资源争夺战中打败其他生物，压榨和剥削它们，或是消灭它们——自新石器时代以来，人类文明便与这一切紧紧相

原子弹的发明为大规模战争的时代画上了句号。但与此同时，原子弹的使用也会在短短几小时之内，把大半个地球变成人类再也无法居住的焦土，人类文明也将从此走向终结

随。自从人类用石头敲打出第一柄石斧，点燃第一支火把，在洞穴石壁上画下第一个动物图案以来，我们的内心中很可能一直怀有这样的想法：人类的存在是为了满足一个更高的目的，这个目的让我们变得神圣并得以走向永恒。但是说到底，人类直到今天也仍然只是传统的猎人与猎物关系的一个产物，这种关系决定了所有生物的进化过程，而人类不过是这种关系当中（暂时）的赢家。今天，当人类统治已经覆盖整个星球时，我们面临的最后对手只有一个，这便是人类自己。

进化是一个不可避免的过程，适者生存是它的法则。恐龙存在了1.5亿年，但最后存活下来的却未必是其中最聪明的恐龙，而是另一类个体：它们拥有最锋利的牙齿和最快的逃避反应，或是长着华丽的羽毛、能够借此逃过物种大灭绝，并在春夏季节里用它们的歌声取悦人类——或成为汤锅中鲜美的食材。乌龟和其他爬行动物在进化过程中并没有变得更聪明，而是长出了更厚的甲壳，或掌握了更好的捕猎方法。进化特征的形成是如此多样化，就像植物和动物界一样五彩斑斓。人类的智力只是其中的一种，却拥有像霸王龙牙齿一样的致命威力。尽管如此，人类大脑并不只是恐龙牙齿的简单对应物，因为它也有可能变成与6600万年前摧毁了地球上包括恐龙在内的大部分生命的那颗陨石相类似的东西。

这既让人恐惧，也让人着迷。今天我们在实验室中对大脑“尼安德特化”，不过是为探索这个有可能给人类带来灭顶之灾的神秘器官所进行的又一次尝试。在现代历史上，无数科学家对大脑进行了观察、切割、解剖、照射以及深入每一个细胞的研究，但是，没有人找到某样类似灵魂的东西，也没有人能够定位人类意识所在的位置，或从中提取出某种文化基因或宗教基因。虽然在今天，我们已经知道现代人与人类近亲尼安德特人在哪些 DNA 位点上存在差异，并清楚地看到它们在核酸序列中的形态，但是我们迄今所做的一切尝试，即通过这些数据序列为一个困扰人类的终极问题找到答案，却始终一无所获。这个问题就是：是什么让我们成为人类？物理学家如今已经可以解释宇宙大爆炸后的头几毫秒发生了什么，但人类存在的核心却依然是个谜。就像瑞士欧洲核子研究中心（CERN）绕着 27 公里长的粒子加速器飞速运转的粒子一样，人类自诞生以来便喋喋不休地追问着这个问题：人类的本质究竟是什么？

一个令人兴奋的想法

人类的高性能大脑早已达到了自身能力的极限，已经无法再承载更多的工作量。我们之所以能够完成人类 DNA 的解码，是因为我们可以通过外包的形式把这项工作摊派出去。解读基因信息，特别是从中筛选出相关的重要信息，这些都要归功于计算机和机器的强大能力。它们可以一刻不停地处理比我们能够处理的多得多的数据，并对这些数据进行存储和关联，最后再打包交给我们进行解读。如果没有大数据，考古遗传学在过去 20 年里所获得的认知根本无从想象，物理学和医学等其他学科亦是如此。计算机的发明对人类未来发展的深刻意义，堪比远古时代的第一只石斧和第一支火把。

从根本上讲，我们给计算机设置的这些数据都是离散数据（diskrete Daten）：0 和 1，以及是与否、加与减等明确的信息。但是，每个人类个体都可以凭直觉掌握的二分法——例如好与坏，对与错，理智与非理智，拥抱未来与自我毁灭，等等——所有机器迄今却都遭遇败绩。可是，谁知道呢？也许有一天，大数据和人工智能不再仅仅局限于解决科学问题，而是能够为我们解答这个时代最宏大的问题。或许到那时，人工智能会告诉我们，我们是谁，我们将成为谁。这是一个令人兴奋的想法，而人工智能将以冷酷的精确性对它进行计算。

不，人工智能多半不会这样做，而且它也无须如此。因为我们所面临的任务从今天的视角来看几乎是无法解决的，而与此同时，它们却又和进化的逻辑一样无人不晓。我们每个人都知道，我们消耗的资源是我们实际需要的几倍，我们总是坐太多飞机，吃太多肉，扔掉太多塑料包装，砍伐太多森林，密封太多地表土壤，污染太多地下水，消费得太多太多。理解这一切对我们来说并非挑战，真正的挑战是我们内心根深蒂固的抵触情绪：我们不愿受到自然界限的束缚，特别是当这些界限在当下还没有被感受到，而只是被抽象地描述时。说到底，我们无法改变我们的本性。

同时我们也知道，即使地球人口超过 100 亿，我们也有可能养活他们，甚至能够让他们过上不错的生活。在草图板上，我们很容易设计出这样一个世界：将地球现有的可持续利用的资源在所有消费者当中进行分配，同时兼顾自然循环的再生过程。这样的构想甚至不需要电脑就能完成。然而，这一切却与人类这一物种的生物学特征背道而驰。人类不可复制的成功，完全是归功于其两耳之间那个极具竞争力的器官。公平分配既不符合我们的天性，同时也违背了我们所倡导的文化理念。"更快、更高、更强"的思维方式不仅是人类遗传进化的结果，而且也是它的前提。

独步太空

进化为"狂人"后的人类，似乎无法接受增长的边界。这一点不仅反映在人类为获取资源所展开的无休止的残酷竞争中，同时也体现在其征服地球后意欲将太空作为下一个目标的愿景之上。人类第一次飞上太空后不久，这项纪录便被登陆月球的壮举所刷新。最迟从这时候起，将人类文明传播到宇宙的梦想开始蓬勃绽放。21世纪初，埃隆·马斯克（Elon Musk）创建了太空探索技术公司（SpaceX），并明确将火星殖民列为目标。不久后，亿万富豪理查德·布兰森（Richard Branson）和杰夫·贝佐斯（Jeff Bezos）也加入了太空竞赛，两人于2021年相继完成了各自的短暂太空之旅。说起埃隆·马斯克的火星计划，尽管这个星球距离地球长达5500万公里，而且那里的环境对来自地球的生命来说可谓危险丛生，但是我们只需稍稍回顾一下人类的历史，就会毫不犹豫地相信，马斯克肯定能够招募到足够多的志愿者，陪他去实现这项雄心勃勃的计划。但是，另一件事却十分令人怀疑：假如人类在地球上的生存基础被彻底破坏，火星殖民是否可以成为拯救人类的"B 计划"。因为如果人类作为智慧物种，真的有可能征服宇宙，那么人类对此理应早有了解。

这个想法最早是由诺贝尔物理学奖得主恩里科·费米（Enrico Fermi）于 1950 年提出的，具体地讲，是在一次如今已经成为传奇的午休对话中。他所提出的观点后来被称作"费米悖论"。这个悖论基于一个假设：自宇宙大爆炸以来，不仅在地球上会出现生命，而且在其他数百万个星球也会有生命出现。据估计，仅在宇宙中占据一个微小点位的银河系中，至少就有 1000 亿、甚至多达 4000 亿颗恒星。其中大约 5%—20% 的恒星类似于银河系中的太阳，而这类恒星中的一部分很可能也有行星环绕，在这些行星上，也有可能具备与地球相似的适宜生命生存的环境条件。

根据费米的理论，自从人类所在的拥有 136 亿年历史的银河系形成以来，智慧生命应该已经出现过几百乃至几百万次。根据这一假设，每一个智慧生命形式在其演化过程中首先会达到一个点，即所在星球的资源被消耗殆尽；然后，这种智慧生命开始发展太空飞行技术，并依照自然法则不可避免地走到下一个点：对其他星系进行殖民，正如人类目前所尝试的一样。由于地球只有大约 46 亿年的历史，属于整个银河系中较为年轻的星球，因此也许在此之前，已经有无数外星人从母星出发，踏上了宇宙扩张之路，并且很可能会在某一天——就像南岛移民的"跳岛"式扩张一样——来到人类所在的地球，这个对碳基生命体来说近乎天堂的理想之地。

这便是费米悖论所描绘的令人不安的矛盾关系。一方面，人们可以根据逻辑推理得出结论：在银河系中存在着无数智慧生命形式。它们当中至少有一部分在过去数十亿年里拥有充裕的时间，对整个银河系进行多次殖民，并且确实也曾这样做；但另一方面，地球上迄今没有发现任何外星人的痕迹。而且一个重要的反面证据是：在这片自由天地里通过演化不断进步的，只有我们人类自己。对银河系中相邻星球的探索，也没能为我们带来任何智慧生命的迹象，至少没有谁像人类一样，向太空发送信号或发射卫星。如果由此判定，人类是直径超过 1 万光年的银河系中唯一的智慧生命形式，这样的结论从数学计算来讲是概率最小的一种可能性。另一个可能的解释则让人不寒而栗：在银河系中曾经出现过无数智慧生命，每一种生命形式都经历过与人类相同的飞速进化过程，但是他们当中没有一个能够活到今天。

130 亿年，几十亿颗恒星，无数文明的兴衰——但似乎没有一种文明能够成功将触手伸向宇宙深处。人类莫非是银河系消逝文明的族谱中重新崛起的一支新秀？抑或是又一个自认为能够打破一切界限的自大狂物种？难道说人类命中注定必将走向灭亡，就像当年的智人在"自动驾驶"模式下进入新石器时代一样？还是说，银河系中的其他智慧物种并没有消亡，而是在暗中观察着我们的下一步实验计划，并津津有味地看着我们在进化必须要迈出的下一步之前茫然四顾，找不到方向？接下来的这一步，就是

自从人类学会思索以来，每当我们仰望星空时，总会感觉到自身的渺小。人类作为"狂人"，总是梦想着有一天能够征服银河系，但是我们的未来并非取决于扩张，而是取决于对自我的革新。这是人类历史上的第一次

改变既有生活方式，将我们所在星球的边界变成自身意识的一个不可或缺的部分。

近乎完美的基因结构

21世纪将对人类的命运做出裁决。地球上的自然资源很快将被耗尽，可供分配的只剩下那些人人垂涎和觊觎之物。在未来几

年中，发生全球性致命冲突的可能性将不断增加。围绕原材料、贸易路线和势力范围展开的竞争，已经成为影响国际关系的重要因素。与此同时，还有至少 1.3 万个核弹头在威胁着地球，一旦投入使用，将造成一系列不可避免的连锁反应；要走到这一步，只需要一个失去理性的统治者按下按钮。2020 年，"末日时钟"已被调至午夜零时前 100 秒，这是自 1947 年设立以来的最危值。[30] 如果说气候变化和流行病时代的来临是笼罩在地平线上的乌云，那么核扩散则像一把手枪，如今已拉开保险栓，抵住了我们的太阳穴。随着全球资源竞争日益激烈，危险也在与日俱增。比如说，在受气候变暖影响尤为严重的地区，对饮用水的争夺随时都有可能引发战争。

新冠大流行向我们展示了一个无比清晰的现实：人的命运是多么紧密相关。在疫情之下，我们只能采取全球化世界的最后手段——关闭边境，尽管为此付出的代价几乎无法估量。在下一次更加严重的危机中，我们将不再有这样的手段。当一些国家继续给气候加上超出自然承受力的负荷，使整个人类的危险不断增大时，世界将如何应对？当一些国家重视的消费自由遇到大自然未来几十年给人类的预算日益吃紧时，又该如何面对这一挑战，并在两者间找到平衡？我们必须就这些问题尽快找到具体答案，无论是通过政府计划还是法律法规，或是包含制裁机制的国际协议。

今天世界上很多人所经历的漫长和平时期，是一个绝无仅有的文明成就，甚至可能是人类这一物种迄今所创造的最高文化成就，但是它建立在损害第三方利益的交易之上，最终会损害我们所有人。没有人知道，对于一个把扩张、消费和征服写入 DNA 的生物来说，他会如何应对资源短缺，如何做到自我约束。今天，有关自我节制的呼吁——无论是航空旅行、肉食还是发动机排量——已经在社会中引发深刻的矛盾冲突。这些冲突在一个全副武装、不久后将出现多个权力中心的世界，会变得比以往更加危险。

没有人想要孤注一掷，把一切都交给命运。回顾过去，人类对自身绝对优势的信心已经被证明是一种错觉。人类进化中各种不可思议的巧合以及所有挫折，在今天人类的眼中，似乎都变成了一条始终上行的直线。那些消失在火山灰、海洋深处或非洲和欧亚大陆某个无名之地的人类血脉，我们一律视而不见。我们已经忘记，我们的祖先当年不得不克服无数的进化瓶颈、瘟疫、气候灾难和战争一次又一次给众多族群带来灭顶之灾。今天所有活在世上的人，都是幸存者的后代。我们未来的生存就像那些失败的现代人祖先一样，并无任何保障。

不过，这也是一个激励人心的消息。

因为就像我们的祖先不曾有过自动进化机制一样，未来也不存在一条必然通向灭亡的路径。假如不是我们这些"狂人"，谁又能担起保护我们不被自己伤害的重任？人类的自然进化已然结束，不会再有进一步的演变。原因很简单，这个世界上的人口已经太多，以至于没有人能够借助基因上的突变，获得在短时间内打败其他人的优势。如今人类需要自己决定如何与我们近乎完美的基因结构相配，而不要触发内设的自我毁灭机制。人类文明的拯救将成为一项伟大的文化成就，也许未来某一天，我们的后代会像我们今天谈论史前洞穴壁画一样，对此心怀敬畏。

　　我们的祖先一路所向披靡，走到了今天。他们身上一定有某样东西，造就了他们的不凡。这样东西具体是什么，我们大概永远不会完全了解。我们只知道，我们在进化的道路上中了大奖：人类也许真的是银河系中独一无二的物种，生活在一个独一无二的星球上。眼下我们该做的事，是珍惜这个奖项，而不要恣意挥霍。是时候迈出下一步了，这伟大的一步将把人类带到一个新世界，一个知足知止的世界。

致 谢

感谢 Wolfgang Haak、Alexander Herbig、Kathrin Nägele、Svante Pääbo、Walter Pohl、Kay Prüfer、Harald Ringbauer、Stephan Schiffels 和 Philipp Stockhammer 对本书逐个章节的批判性审阅。书中所呈现的关于人类进化和不同人类种群遗传历史的认知，无不来自考古学、人类学、生物信息学、遗传学、历史学、语言学和医学等领域无数科学家的辛勤耕耘。如果没有他们，我们将永远无法对这些人类历史上浩如烟海的片段进行重建。特别感谢以下人员：Kurt Alt、Luca Bandioli、Natalia Berezina、Hervé Bocherens、Madelaine Böhme、Abdeljalil Bouzouggar、Adam Brumm、Jaroslav Bružek、Jane Buikstra、Hernan Burbano、Alexandra Buzhilova、David Caramelli、Nicholas Conard、Alfredo Coppa、Isabelle Crevecoeur、Yadira de Armas、Anatoli Derevjanko、Leyla Djansugurova、Dorothée Drucker、Patrick Geary、Richard Edward

Green、Mateja Hajdinjak、Svend Hansen、Michaela Harbeck、Katerina Harvati、Jean-Jacques Hublin、Daniel Huson、Janet Kelso、Martin Kircher、Egor Kitov、Corina Knipper、Kristian Kristiansen、Carles Lalueza Fox、Greger Larson、Iosif Lazaridis、Mark Lipson、Sandra Lösch、Anna-Sapfo Malaspinas、Tomislav Maricic、Iain Mathieson、Michael McCormick、Harald Meller、Matthias Meyer、Christopher Miller、Kay Nieselt、Inigo Olalde、Ludovic Orlando、Nick Patterson、Ernst Pernicka、Benjamin Petter、Ron Pinhasi、David Reich、Sabine Reinhold、Roberto Risch、Patrick Roberts、Mirjana Roksandic、Hélèn Rougier、Hannes Schröder、Eleanor Scerri、Patrick Semal、Pontus Skoglund、Montgomery Slatkin、Viviane Slon、Anne Stone、Mark Stoneking、Jiri Svoboda、Anna Szecsenyi-Nagy、Frédérique Valentin、Petr Veleminsky、Benjamin Vernot、Tivadar Vida、Joachim Wahl、Hugo Zeberg，以及其他许多未列出名字但令人尊敬的同事。

感谢图宾根大学、耶拿马普人类历史研究所以及莱比锡马普进化人类学研究所的员工和同事。特别感谢 Rodrigo Barquera、Kirsten Bos、Selina Carlhoff、Michal Feldman、Russel Gray、Wolfgang Haak、Zuzana Hofmanová、Choongwon Jeong、Marcel Keller、Felix Key、Arthur Kocher、Denise Kühnert、Thiseas Lamnidis、Angela Mötsch、Lyazzat Musralina、Cosimo Posth、Adam Powell、Guido Gnecchi Ruscone、Verena Schünemann、

Eirini Skourtanioti、Maria Spyrou、Rezeda Tukhbatova、Marieke van der Loosdrecht、Åshild Vågene、Vanessa Villalba、王传超、王珂、Christina Warinner、遇赫以及所有书中涉及的项目中发挥关键作用的其他人员。

柱廊出版社（Propyläen Verlag）的 Kristin Rotter 在本书的概念设计上、Heike Wolter 在之后的细化工作中为我们提供了特别的帮助。此外，我们还要感谢 Tom Bjoerklund、Falko Daim、Elisabeth Daynes、John Gurche、Christopher Henshilwood、Rüdiger Krause、Peter Schouten、Velizar Simeonovski、Damian Wolny 为本书精心挑选的插图，以及彼得·帕尔姆绘制的简洁明了的示意图。感谢经纪人 Franziska Günther 为这本书所起的精彩书名。

身为本书作者，约翰内斯·克劳泽感谢妻子亨莉克与其就本书所进行的无数次讨论，以及对其在电脑前通宵达旦工作所给予的理解和包容；他向女儿阿尔玛·埃达道歉，因为他一次次错过了与她一起的睡前朗读时光；此外，他还要感谢父母玛丽亚和克劳斯-迪特以及姐姐克里斯汀对整部手稿的审阅和建设性评论。托马斯·特拉普感谢他的所有家人，特别是克劳迪娅，如果没有她的支持，他不可能在长达一年半的疫情特殊日子里接下这项富有挑战性的工作，并最终完成这本书；特别感谢克拉拉和列奥，你们是这个星球上最美好的存在，感谢你们在这艰难的一年里所展现出的强大力量。未来属于你们——我相信，你们一定会将它变得更美好。

注　释

1　这是本书唯一一次连名带姓提到和介绍两位作者。在后面章节涉及约
　翰内斯·克劳泽所参与的研究工作时，他的名字通常不会再被提及。

2　有些胚胎干细胞可以生成完整的生物体。但由于伦理原因，它们不得
　再用于细胞组织的繁殖。不过，使用多能干细胞在伦理和法律上是无
　可非议的。与全能胚胎干细胞不同，多能干细胞不能生成完整的生物体，
　但可以生成生物体的一部分，例如肝细胞、心脏细胞或脑细胞等。日
　本科学家山中伸弥于 2006 年发明了一种方法，通过诱导少量基因，便
　可从任何身体细胞中制造出多能干细胞。2012 年，山中伸弥因此获得
　了诺贝尔生理学或医学奖，因为他的发现使干细胞研究在不依靠胚胎
　的情况下成为可能。

3　CRISPR/Cas9 方法，即"基因剪刀"，于 2012 年由法国科学家埃玛纽
　埃勒·沙尔庞捷（Emmanuelle Charpentier）和美国科学家詹妮弗·杜
　德纳（Jennifer Doudna）领导的一个小组开发完成。2020 年，两位科
　学家因此获得了诺贝尔化学奖。这一发现将分子生物医学和遗传学研
　究带入了一个新时代。CRISPR/Cas9 方法利用了大约一半已知的细菌

生物体中存在的一种机制。CRISPR/Cas9 系统使得细菌能够将它们攻击的病毒的一部分遗传信息存储在细胞结构中，从而建立一种免疫防御系统，这种防御系统还可以传给它们的后代。当同类型的病毒再次进攻这种被修改的细菌细胞时，就会激活它们的免疫记忆。然后，细菌 RNA 分子就会攻击那些在上一次病毒感染中被记住的碱基组合。在最后一步中，由细菌派遣的"后卫"CAS 酶出现，并将 RNA 标记的部分从病毒中切除出去。病毒可以说是被基因剪刀切成了碎片，而因此变得无害。如今，CRISPR/Cas9 方法已经成为遗传学研究的标准化工具。由玛纽埃勒·沙尔庞捷参与创立的 CRISPR Therapeutics 公司于2019 年 11 月宣布，对两名患有贝塔地中海贫血和镰状细胞贫血的患者成功进行了治疗，不久，该公司又在癌症治疗方面取得了可喜突破。在这两次治疗试验中，研究者都是从患者自身免疫细胞中剪切了 DNA 中抑制免疫的信息。

4　尽管我们已经知道了现代人与尼安德特人的 90 处基因差异，但是不仅仅是基因决定着细胞不同的表型。不同基因变异的组合、基因中变异的数量、它们与基因组中其他碱基的相互作用，等等，所有这些因素决定了不同细胞会生成哪些蛋白质以及生成多少蛋白质。这也是为什么基因学家可以轻松地解密单细胞生物的个体基因的功能，而在人类身上却仍然面临着许多未解难题。

5　这里指的并不是相同的两个百分点，而是一个巨大的基因信息池，每个人只占其中的一小部分。尼安德特人的约 40% 遗传信息和丹尼索瓦人的一半以上遗传信息仍然存于人类基因组的浩瀚海洋中，其余都已彻底消失。

6　我们可以把这项工作想象成一个巨大的尼安德特人拼图，它与当今人类的拼图非常相似。我们要做的事，是从尼安德特人的基因信息池中挑选出那些颜色和形状与人类基因代码相同的拼图块，在逐渐完成拼图的同时，也留下了许多空缺。人们有可能从尼安德特人拼图中找出填补空缺的拼图块，但它们的颜色却完全不同。于是，一个确定的差异便由此显现出来。正如前面所说，当时尼安德特人的拼图还有很多缺失的部分。为期 5 年的工作结束后，人们才对大约一半的基因组有所了解。

7　并非每个基因突变都会导致遗传特性的变化，实际上只有很少一部分突变会造成影响。这是因为基因组只有 2% 包含基因，其余部分则负责控制基因；其中超过一半没有明确的功能，这些也被称为"垃圾DNA"。

8　如今人们已经有能力完成不同物种之间的器官移植。医生和科研人员希望，这种被称为异种移植的技术，很快可以帮助人类解决医学领域的器官短缺问题。

9　值得一提的是，这位神秘祖先的遗传信息并非来自骨骼中提取的DNA——如果发现这样一块骨头，对考古学来说将是一个巨大的奇迹和几乎不可能的偶然事件——而是通过对今天人类基因组的计算得出的。

10　这并不与事实相矛盾，即迄今为止只有女性尼安德特人的全基因组完成了测序。由于 Y 染色体与女性性染色体(XX)不同，它只有一个，而不是成对出现，因此需要通过复杂的方法从样本中"筛选"出来。能够完全重建的所有基因组都是来自尼安德特女性，是一个偶然现象。

11　根据 21 世纪头 10 年仍然流行、如今已被 DNA 分析推翻的多地区起源理论，欧洲人祖先是从尼安德特人进化过来的，而非洲和亚洲人群的起源也可追溯到当地的史前人类。这个理论现已被证明是错误的，其中一个重要根据来自尼安德特人全基因测序。测序结果显示，现代人体内只有极少的尼安德特人 DNA，而且只存在于撒哈拉沙漠以外的人群身上。这项研究证实了"走出非洲"的理论，即现代人类起源于非洲大陆，并从那里扩散到世界各地。

12　根据伯格曼法则，恒温动物的体形会随着生活地区纬度或海拔的增高而变大。在寒冷地区，尼安德特人的身体重量与表面积的比例也为适应气候而发生了调整，这使得他们与南方高个头的人类近亲相比可以更好地减少皮肤散热。

13　罗德西亚人往往也被称作非洲海德堡人（Homo heidelbergensis）。

14　要想在完成跨越后通过繁衍形成种群，至少要有一名女性和一名男性。而实际需要的人数显然更多，否则的话，经过数代近亲繁殖所形成的基因库，将使移民人群的长期生存概率大大降低。

15　幽灵种群是考古遗传学经常遇到的现象。例如，在今天一些非洲人或非洲裔美国人的基因组中，人们便发现了这样的成分，根据基因时钟指向，其源头有可能追溯到几十万年之前。正如现代人在北方与尼安德特人混血一样，在撒哈拉以南地区，他们显然也曾与某个我们迄今未知的非洲古人类发生杂交。

16　基底（Basal）一词指的是这群人很早便从后来演化为欧洲人和亚洲人的基因线中分离了出来。

17　为了方便起见，这里和下文中的纳图夫人一词指的是与纳图夫文化相关联的人，而不是一个可以明确区分的人群。

18　这个数值虽然是从英国调查采集得出的，但对整个西欧地区具有代表性。英国在医学基因组研究中经常被用作参考，主要是因为它拥有所有欧洲国家中数量最多的基因组数据集。例如在德国几乎没有这方面的数据。

19　在此可以补充一点：小说中的人猿泰山显然是住在非洲丛林里。

20　波士顿进化生物学家贾雷德·戴蒙德（Jared Diamond）在他的开创性著作《枪炮、病菌与钢铁》中总结了自己在1999年提出的一些重要观点，说明了将野生动物驯化成为可以供人类食用的家畜的核心前提条件（在这里，狗属于宠物的特殊类别）。戴蒙德指出，只有草食动物才有可能被驯化，否则从动物身上获得的蛋白质就会少于人类所消耗的蛋白质。此外，为了尽可能高效地利用动物产品，还需要更快的生长速度和高繁殖率。只有那些在囚禁中繁殖并习惯于养殖场环境的动物才有可能被驯化，而不会陷入持续的争夺食物链位置的竞争中。同时，像熊这种极具攻击性的动物也从一开始就被排除在驯化的候选名单之外。正是所有这些因素的共同作用，为欧亚大陆在驯化动物方面提供了比非洲更丰富的选择。

21　和纳图夫人一样，这里的伊比利毛利人指的是与伊比利毛里塔尼亚文化相关联的人群，而非某个可以清晰界定的群体。

22　欧洲不同地区的人群所携带的狩猎采集者基因比例存在显著差异。例如，今天撒丁岛居民所携带的狩猎采集者基因比例不到5%，而爱沙尼亚人则高达60%以上。

23　亚姆纳文化相关人群于4900年前以强势进入欧洲，并引发了欧洲大陆DNA的最后一次巨变。今天欧洲人的DNA当中约75%可追溯至"新月沃土"的两个人群，其余则来自欧洲东部和西部的狩猎采集者。

24　当时的稻米不像今天这样是种在水中，而是作为干栽植物种植。稻米种植可以通过这两种方式进行。当今的种植方式之所以得到普及，是因为这样可以防止热带地区茂盛的杂草使水稻生长受到影响。

25　在全新世初期，地球上的人口数量可能只有几百万，但在5000年前，人口已经增加到了1400万，到公元前后，人口数量已经增加了10倍以上。

26 它从西部的俾斯麦群岛一直延伸到南部的新喀里多尼亚、东部的萨摩亚和北部的图瓦卢。

27 与细菌不同，病毒主要不是在血液中，而是在软组织中繁殖。例如，流感和冠状病毒是在肺部，乙肝病毒是在肝脏中。由于人体的血液循环包括骨骼和牙齿，因此，如果作为测序样本的个体因细菌而导致血液感染，细菌也会沉积在这些部位；理想情况下，鼠疫死者有可能在几千年后，体内仍然带有细菌的 DNA。相反，软组织在人死后数周内就会分解，其中包含的所有病毒也会随之消失，除非器官被深埋在永久的冰层中或软组织周围被骨头包裹。后者适用于乙肝病毒：虽然它们主要感染肝脏，但在人体免疫系统遭受攻击后，病毒将部分退回到骨髓中。而且这种病毒的结构对测序也很有帮助：它们不是由 RNA，而是更加稳定的 DNA 构成。

28 乙肝病毒在狩猎采集者中几乎是原生的，可以说类似于一种"民间疾病"。自从猴子变成人后，乙肝病毒发展出无数的分支，在新石器时代的欧洲也不例外。大约 3200 年前，乙肝病毒的种类多样性消失，直到 400 年后才又出现了一种新的乙肝病毒。这段空白期与青铜时代大瘟疫的爆发时间相吻合，有可能是因为人类的大规模死亡导致病原体失去了宿主，但是在瘟疫流行地以外的人类群体中仍然存活。今天的乙肝病毒病原体源于大约 2800 年前再次出现在欧洲的一个变种，这也证实了几个世纪前人口数量的急剧下降，就像 4800 年前新石器时代瘟疫大流行时发生的情况一样。

29 在 HIV 感染者身上，白细胞会把病毒整合到自己的基因组中，然后根据病毒样本制造新的病毒，从而使自身受到破坏。如果受损白细胞数量过多，就会导致免疫系统衰竭，也就是人们所说的艾滋病。虽然这种疾病至今无法治愈，但可以通过抑制逆转录病毒活性的药物得到有效控制。

30　Doomsday Clock 是一个虚构钟面，由美国芝加哥大学的《原子科学家公报》(*Bulletin of the Atomic Scientists*) 杂志于 1947 年设立，隐喻不受限制的科学技术发展对人类的威胁。

参考文献

第一章 实验室人

- Green, R.E., et al., *A draft sequence of the Neandertal genome.* Science, 2010. 328(5979): p.710–722.
- Reich, D., et al., *Genetic history of an archaic hominin group from Denisova Cave in Siberia.* Nature, 2010. 468(7327): p.1053–60.
- Meyer, M., et al., *A high-coverage genome sequence from an archaic Denisovan individual.* Science, 2012. 338(6104): p.222–6.
- Prufer, K., et al., *The complete genome sequence of a Neanderthal from the Altai Mountains.* Nature, 2014. 505(7481): p.43–9.
- Prufer, K., et al., *A high-coverage Neandertal genome from Vindija Cave in Croatia.* Science, 2017. 358(6363): p.655–8.
- Slon, V., et al., *A fourth Denisovan individual.* Sci Adv, 2017. 3(7): p. e1700186.
- Slon, V., et al., *The genome of the offspring of a Neanderthal mother and a Denisovan father.* Nature, 2018. 561(7721): p.113–6.

- Bokelmann, L., et al., *A genetic analysis of the Gibraltar Neanderthals*. Proc Natl Acad Sci U S A, 2019. 116(31): p.15610–5.
- Peyregne, S., et al., *Nuclear DNA from two early Neandertals reveals 80,000 years of genetic continuity in Europe.* Sci Adv, 2019. 5(6): p. eaaw5873.
- Krause, J., et al., *The complete mitochondrial DNA genome of an unknown hominin from southern Siberia.* Nature, 2010. 464(7290): p.894–7.
- Paabo, S., *Neanderthal man: in search of lost genomes.* 2014, New York: Basic Books.
- Reich, D., *Who we are and how we got here: ancient DNA revolution and the new science of the human past.* 2018, New York: Pantheon Books.
- Prufer, K., et al., *The bonobo genome compared with the chimpanzee and human genomes.* Nature, 2012. 486(7404): p.527–31.
- Meyer, M., et al., *Nuclear DNA sequences from the Middle Pleistocene Sima de los Huesos hominins.* Nature, 2016. 531(7595): p.504–7.
- Stepanova, V., et al., *Reduced purine biosynthesis in humans after their divergence from Neandertals.* Elife, 2021. 10.
- Lancaster, M.A., et al., *Cerebral organoids model human brain development and microcephaly.* Nature, 2013. 501(7467): p.373–9.
- Jinek, M., et al., *A programmable dual-RNA-guided DNA endonuclease in adaptive bacterial immunity.* Science, 2012. 337(6096): p.816–21.
- Greely, H.T., *Human Germline Genome Editing: An Assessment.* CRISPR J, 2019. 2(5): p.253–65.
- Cyranoski, D., *Russian biologist plans more CRISPR-edited babies.* Nature, 2019. 570(7760): p.145–6.
- Racimo, F., et al., *Archaic Adaptive Introgression in TBX15/WARS2.* Mol Biol Evol, 2017. 34(3): p.509–24.
- Sankararaman, S., et al., *The Combined Landscape of Denisovan and Neanderthal Ancestry in Present-Day Humans.* Curr Biol, 2016. 26(9): p.1241–7.
- Dannemann, M., and J. Kelso, *The Contribution of Neanderthals to Phenotypic Variation in Modern Humans.* Am J Hum Genet, 2017. 101(4): p.578–89.

- Dannemann, M., K. Prufer, and J. Kelso, *Functional implications of Neandertal introgression in modern humans.* Genome Biol, 2017. 18(1): p.61.
- International Human Genome Sequencing, Consortium, *Finishing the euchromatic sequence of the human genome.* Nature, 2004. 431(7011): p.931–45.
- Gansauge, M.T., and M. Meyer, *Single-stranded* DNA *library preparation for the sequencing of ancient or damaged* DNA. Nat Protoc, 2013. 8(4): p.737–48.
- Neubauer, S., J.J. Hublin, and P. Gunz, *The evolution of modern human brain shape.* Sci Adv, 2018. 4(1): p. eaao5961.
- Gunz, P., et al., *Neandertal Introgression Sheds Light on Modern Human Endocranial Globularity.* Curr Biol, 2019. 29(1): p.120–7 e5.
- Church, G.M., and E. Regis, *Regenesis: How synthetic biology will reinvent nature and ourselves.* 2012, New York: Basic Books.
- Church, G.M., *Can Neanderthals Be Brought Back from the Dead?*, P. Bethge and J. Grolle, Editors. January 21, 2013: Der Spiegel.

第二章　饥饿

- Brunel, E., J.-M. Chauvet, and C. Hillaire, *Die Entdeckung der Höhle Chauvet-Pont d'Arc.* 2014, Saint-Remy-de-Provence: Editions Equinoxe.
- Conard, N.J., M. Malina, and S.C. Munzel, *New flutes document the earliest musical tradition in southwestern Germany.* Nature, 2009. 460(7256): p.737–40.
- Rosas, A., et al., *Paleobiology and comparative morphology of a late Neandertal sample from El Sidron, Asturias, Spain.* Proc Natl Acad Sci U S A, 2006. 103(51): p.19266–71.
- Lalueza-Fox, C., et al., *Mitochondrial* DNA *of an Iberian Neandertal suggests a population affinity with other European Neandertals.* Curr Biol, 2006. 16(16): p. R629-30.
- Yustos, M., and J.Y. Sainz de los Terreros, *Cannibalism in the Neanderthal World: An Exhaustive Revision.* Journal of Taphonomy, 2015. 13(1): p.33–52.

- Rougier, H., et al., *Neandertal cannibalism and Neandertal bones used as tools in Northern Europe.* Sci Rep, 2016. 6: p.29005.
- Parrado, N., and V. Rause, *72 Tage in der Hölle. Wie ich den Absturz in den Anden überlebte.* 2008, München: Goldmann Verlag.
- Berger, T.D., and E. Trinkaus, *Patterns of trauma among the Neandertals.* J. Archaeol. Sci., 1995. 22: p.841–52.
- Schultz, M., *Results of the anatomical-palaeopathological investigations on the Neanderthal skeleton from the Kleine Feldhofer Grotte (1856) including th new discoveries from 1997/2000.* Rheinische Ausgrabungen, 2006. 58: p.277–318.
- Xing, S., et al., *Middle Pleistocene human femoral diaphyses from Hualongdong, Anhui Province, China.* Am J Phys Anthropol, 2021. 174(2): p.285–98.
- Les Abbés, A., J. Bouyssonie, and L. Bardon, *Découverte d'un squelette humain moustérien à La Bouffia de la Chapelle-aux-Saints.* L' Anthropologie, 1909. 19: p.513–8.
- Prufer, K., et al., *A genome sequence from a modern human skull over 45,000 years old from Zlaty kun in Czechia.* Nat Ecol Evol, 2021. 5(6): p.820–5.
- Vlček, E., *The Pleistocene man from the Zlatý kůň cave near Koněprusy.* Anthropozoikum, 1957. 6: p.283–311.
- Prošek, F., *The excavation of the ›Zlatý kůň‹ cave in Bohemia: The report for the 1st research period of 1951.* Československý kras, 1952. 5: p.161–79.

第三章　猿猴的星球

- Scerri, E.M.L., et al., *Did Our Species Evolve in Subdivided Populations across Africa, and Why Does It Matter?* Trends Ecol Evol, 2018. 33(8): p.582–94.
- Sankararaman, S., et al., *The genomic landscape of Neanderthal ancestry in present-day humans.* Nature, 2014. 507(7492): p.354–7.
- Grun, R., and C. Stringer, *Tabun revisited: revised ESR chronology and new ESR and U-series analyses of dental material from Tabun C1.* J Hum Evol, 2000. 39(6): p.601–12.

- Hershkovitz, I., et al., *Levantine cranium from Manot Cave (Israel) foreshadows the first European modern humans.* Nature, 2015. 520(7546): p. 216–9.
- Meyer, M., et al., *Nuclear DNA sequences from the Middle Pleistocene Sima de los Huesos hominins.* Nature, 2016. 531(7595): p. 504–7.
- Posth, C., et al., *Deeply divergent archaic mitochondrial genome provides lower time boundary for African gene flow into Neanderthals.* Nat Commun, 2017. 8: p. 16046.
- Petr, M., et al., *The evolutionary history of Neanderthal and Denisovan Y chromosomes.* Science, 2020. 369(6511): p. 1653–6.
- Harvati, K., et al., *Apidima Cave fossils provide earliest evidence of Homo sapiens in Eurasia.* Nature, 2019. 571(7766): p. 500–4.
- Hershkovitz, I., et al., *The earliest modern humans outside Africa.* Science, 2018. 359(6374): p. 456–9.
- Harting, P., *Le système Éemien.* Archives Néerlandaises Sciences Exactes et Naturelles de la Societé Hollandaise des Sciences, 1875. 10: p. 443–54.
- Preece, R.C., *Differentiation of the British late Middle Pleistocene interglacials: the evidence from mammalian biostratigraphy.* Quaternary Science Reviews, 1999. 20(16–17): p. 1693–1705.
- Besenbacher, S., et al., *Direct estimation of mutations in great apes reconciles phylogenetic dating.* Nat Ecol Evol, 2019. 3(2): p. 286–92.
- Bohme, M., et al., *A new Miocene ape and locomotion in the ancestor of great apes and humans.* Nature, 2019. 575(7783): p. 489–93.
- Scally, A., et al., *Insights into hominid evolution from the gorilla genome sequence.* Nature, 2012. 483(7388): p. 169–75.
- Tenesa, A., et al., *Recent human effective population size estimated from linkage disequilibrium.* Genome Res, 2007. 17(4): p. 520–6.
- Swisher, C.C., G.H. Curtis, and R. Lewin, *Java Man: How Two Geologists Changed Our Understanding of Human Evolution.* 2002, Chicago: University of Chicago Press.
- Gargani, J., and C. Rigollet, *Mediterranean Sea level varia-*

tions during the Messinian Salinity Crisis. Geophysical Research Letters, 2007: 34(10).

- Lieberman, D., *The story of the human body: evolution, health, and disease.* 2013, New York: Pantheon Books.
- Patterson, N., et al., *Genetic evidence for complex speciation of humans and chimpanzees.* Nature, 2006. 441(7097): p. 1103–8.
- Schrenk, F., *Die Frühzeit des Menschen. Der Weg zum Homo sapiens.* 2019, München: Beck Verlag.
- Lordkipanidze, D., et al., *A complete skull from Dmanisi, Georgia, and the evolutionary biology of early Homo.* Science, 2013. 342(6156): p. 326–31.
- Hublin, J. J., et al., *New fossils from Jebel Irhoud, Morocco and the pan-African origin of Homo sapiens.* Nature, 2017. 546(7657): p. 289–92.
- Berger, L. R., et al., *Homo naledi, a new species of the genus Homo from the Dinaledi Chamber, South Africa.* Elife, 2015. 4.
- Dirks, P. H., et al., *Geological and taphonomic context for the new hominin species Homo naledi from the Dinaledi Chamber, South Africa.* Elife, 2015. 4.
- Dirks, P. H., et al., *The age of Homo naledi and associated sediments in the Rising Star Cave, South Africa.* Elife, 2017. 6.
- Grun, R., et al., *Dating the skull from Broken Hill, Zambia, and its position in human evolution.* Nature, 2020. 580(7803): p. 372–5.
- Grun, R., et al., *Direct dating of Florisbad hominid.* Nature, 1996. 382(6591): p. 500–1.
- Kaiser, T., et al., *Klimawandel als Antrieb der menschlichen Evolution,* in *Klimagewalten. Treibende Kraft der Evolution,* H. Meller and T. Puttkammer, Editors. 2017, Darmstadt: p. 210–21.

第四章　末日预言

- Carbonell, E., et al., *The first hominin of Europe.* Nature, 2008. 452(7186): p. 465–9.
- Matsu'ura, S., et al., *Age control of the first appearance*

datum for Javanese Homo erectus in the Sangiran area.
Science, 2020. 367(6474): p.210–4.

- Rizal, Y., et al., *Last appearance of Homo erectus at Ngandong, Java, 117,000–108,000 years ago.* Nature, 2020. 577(7790): p.381–5.
- Lieberman, D.E., B.M.McBratney, and G.Krovitz, *The evolution and development of cranial form in Homo sapiens.* Proc Natl Acad Sci U S A, 2002. 99(3): p.1134–9.
- Stringer, C., *The origin and evolution of Homo sapiens.* Philos Trans R Soc Lond B Biol Sci, 2016. 371(1698).
- Liu, W., et al., *The earliest unequivocally modern humans in southern China.* Nature, 2015. 526(7575): p.696–9.
- Qiu, J., *How China is rewriting the book on human origins.* Nature, 2016. 535: p.22–5.
- Fu, Q., et al., DNA *analysis of an early modern human from Tianyuan Cave, China.* Proc Natl Acad Sci U S A, 2013. 110(6): p.2223–7.
- Osipov, S., et al., *The Toba supervolcano eruption caused severe tropical stratospheric ozone depletion.* Communications Earth & Environment, 2021. 2(1).
- Krause, J., et al., *The complete mitochondrial* DNA *genome of an unknown hominin from southern Siberia.* Nature, 2010. 464(7290): p.894–7.
- Zhang, D., et al., *Denisovan* DNA *in Late Pleistocene sediments from Baishiya Karst Cave on the Tibetan Plateau.* Science, 2020. 370(6516): p.584–7.
- Sutikna, T., et al., *Revised stratigraphy and chronology for Homo floresiensis at Liang Bua in Indonesia.* Nature, 2016. 532(7599): p.366–9.
- Morwood, M.J., et al., *Archaeology and age of a new hominin from Flores in eastern Indonesia.* Nature, 2004. 431(7012): p.1087–91.
- Rampino, M.R., and S.Self, *Bottleneck in human evolution and the Toba eruption.* Science, 1993. 262(5142): p.1955.
- Yu, H., et al., *Palaeogenomic analysis of black rat (Rattus rattus) reveals multiple European introductions associated with human economic history.* bioRxiv, 2021.
- Posth, C., et al., *Pleistocene Mitochondrial Genomes Sug-*

gest a Single Major Dispersal of Non-Africans and a Late Glacial Population Turnover in Europe. Curr Biol, 2016. 26(6): p.827–33.

- Beyer, R.M., et al., *Windows out of Africa: A 300,000-year chronology of climatically plausible human contact with Eurasia.* bioRxiv, 2020.

- Beyer, R.M., M.Krapp, and A.Manica, *High-resolution terrestrial climate, bioclimate and vegetation for the last 120,000 years.* Sci Data, 2020. 7(1): p.236.

- Henshilwood, C.S., et al., *Emergence of modern human behavior: Middle Stone Age engravings from South Africa.* Science, 2002. 295(5558): p.1278–80.

- Henshilwood, C.S., et al., *A 100,000-year-old ochre-processing workshop at Blombos Cave, South Africa.* Science, 2011. 334(6053): p.219–22.

- Wadley, L., et al., *Middle Stone Age bedding construction and settlement patterns at Sibudu, South Africa.* Science, 2011. 334(6061): p.1388–91.

- Lombard, M. and L.Phillipson, *Indications of bow and stone-tipped arrow use 64 000 years ago in KwaZulu-Natal, South Africa.* Antiquity, 2010. 84: p.635–48.

- Backwell, L., et al., *The antiquity of bow-and-arrow technology: evidence from Middle Stone Age layers at Sibudu Cave.* Antiquity, 2018. 92(362): p.289–303.

- Armitage, S.J., et al., *The southern route »out of Africa«: evidence for an early expansion of modern humans into Arabia.* Science, 2011. 331(6016): p.453–6.

- Groucutt, H.S., et al., *Homo sapiens in Arabia by 85,000 years ago.* Nat Ecol Evol, 2018. 2(5): p.800–9.

- Fu, Q., et al., *An early modern human from Romania with a recent Neanderthal ancestor.* Nature, 2015. 524(7564): p.216–9.

- Fu, Q., et al., *Genome sequence of a 45,000-year-old modern human from western Siberia.* Nature, 2014. 514(7523): p.445–9.

- Fu, Q., et al., *The genetic history of Ice Age Europe.* Nature, 2016. 534(7606): p.200–5.

- Lazaridis, I., et al., *Ancient human genomes suggest three ancestral populations for present-day Europeans.* Nature, 2014. 513(7518): p.409–13.

- Lazaridis, I., et al., *Genomic insights into the origin of farming in the ancient Near East.* Nature, 2016. 536(7617): p.419–24.
- Vernot, B., and J.M. Akey, *Resurrecting surviving Neandertal lineages from modern human genomes.* Science, 2014. 343(6174): p.1017–21.
- Robock, A., et al., *Did the Toba volcanic eruption of ~74k BP produce widespread glaciation?* J. Geophys. Res., 2009. 114.

第五章　过关斩将

- Briggs, A.W., et al., *Targeted retrieval and analysis of five Neandertal mtDNA genomes.* Science, 2009. 325(5938): p.318–21.
- Green, R.E., et al., *A complete Neandertal mitochondrial genome sequence determined by high-throughput sequencing.* Cell, 2008. 134(3): p.416–26.
- Krause, J., et al., *Neanderthals in central Asia and Siberia.* Nature, 2007. 449(7164): p.902–4.
- Sankararaman, S., et al., *The genomic landscape of Neanderthal ancestry in present-day humans.* Nature, 2014. 507(7492): p.354–7.
- Dannemann, M., K. Prufer, and J. Kelso, *Functional implications of Neandertal introgression in modern humans.* Genome Biol, 2017. 18(1): p.61.
- Dannemann, M., and J. Kelso, *The Contribution of Neanderthals to Phenotypic Variation in Modern Humans.* Am J Hum Genet, 2017. 101(4): p.578–89.
- Dannemann, M., A.M. Andres, and J. Kelso, *Introgression of Neandertal- and Denisovan-like Haplotypes Contributes to Adaptive Variation in Human Toll-like Receptors.* Am J Hum Genet, 2016. 98(1): p.22–33.
- COVID-19 Host Genetics Initiative, *Mapping the human genetic architecture of COVID-19.* Nature, 2021.
- Zeberg, H., et al., *A Neanderthal Sodium Channel Increases Pain Sensitivity in Present-Day Humans.* Curr Biol, 2020. 30(17): p.3465–9 e4.
- Zeberg, H., J. Kelso, and S. Paabo, *The Neandertal Progesterone Receptor.* Mol Biol Evol, 2020. 37(9): p.2655–60.

- Zeberg, H., and S. Paabo, *The major genetic risk factor for severe* COVID-19 *is inherited from Neanderthals.* Nature, 2020. 587(7835): p. 610–2.
- Zeberg, H., and S. Paabo, *A genomic region associated with protection against severe* COVID-19 *is inherited from Neandertals.* Proc Natl Acad Sci U S A, 2021. 118(9).
- Giaccio, B., et al., *High-precision (14)C and (40)Ar/(39)Ar dating of the Campanian Ignimbrite (Y-5) reconciles the time-scales of climatic-cultural processes at 40 ka.* Sci Rep, 2017. 7: p. 45940.
- Marti, A., et al., *Reconstructing the plinian and co-ignimbrite sources of large volcanic eruptions: A novel approach for the Campanian Ignimbrite.* Sci Rep, 2016. 6: p. 21220.
- Krause, J., and T. Trappe, *Die Reise unserer Gene: Eine Geschichte über uns und unsere Vorfahren.* 2019, Berlin: Propyläen Verlag.
- Dinnis, R., et al., *New data for the Early Upper Paleolithic of Kostenki (Russia).* J Hum Evol, 2019. 127: p. 21–40.
- Krause, J., et al., *A complete mtDNA genome of an early modern human from Kostenki, Russia.* Curr Biol, 2010. 20(3): p. 231–6.
- Hajdinjak, M., et al., *Initial Upper Palaeolithic humans in Europe had recent Neanderthal ancestry.* Nature, 2021. 592(7853): p. 253–7.
- Fellows Yates, J. A., et al., *Central European Woolly Mammoth Population Dynamics: Insights from Late Pleistocene Mitochondrial Genomes.* Sci Rep, 2017. 7(1): p. 17714.
- Lorenzen, E. D., et al., *Species-specific responses of Late Quaternary megafauna to climate and humans.* Nature, 2011. 479(7373): p. 359–64.
- van der Kaars, S., et al., *Humans rather than climate the primary cause of Pleistocene megafaunal extinction in Australia.* Nat Commun, 2017. 8: p. 14142.
- Allentoft, M. E., et al., *Extinct New Zealand megafauna were not in decline before human colonization.* Proc Natl Acad Sci U S A, 2014. 111(13): p. 4922–7.
- Remmert, H., *The evolution of man and the extinction of animals.* Naturwissenschaften, 1982. 69(11): p. 524–7.
- Napierala, H., A. W. Kandel, and N. J. Conard, *Small game*

and shifting subsistence patterns from the Upper Palaeolithic to the Natufian at Baaz Rockshelter, Syria, in Archaeozoology of the Near East 9, M.M. and M. Beech, ed. 2017, Oxbow: Oxford & Philadelphia.

- Zvelebil, M., *Hunters in Transition: Mesolithic Societies of Temperate Eurasia and their Transition to Farming*, ed. M. Zvelebil. 1986, Cambridge, UK: Cambridge University Press.
- Greenberg, J., *A Feathered River Across the Sky: The Passenger Pigeon's Flight to Extinction.* 2014, New York: Bloomsbury Publishing.
- Sherkow, J.S., and H.T. Greely, *What If Extinction Is Not Forever?* Science, 2013. 340: p. 32–3.
- Blockstein, D.E., *We Can't Bring Back the Passenger Pigeon: The Ethics of Deception Around De-extinction.* Ethics, Policy & EnvironmEnt, 2017. 20: p. 33–7.
- Shapiro, B., *How to Clone a Mammoth: The Science of De-Extinction.* 2015, Princeton: Princeton University Press.
- Sikora, M., et al., *The population history of northeastern Siberia since the Pleistocene.* Nature, 2019. 570(7760): p. 182–8.
- Ardelean, C.F., et al., *Evidence of human occupation in Mexico around the Last Glacial Maximum.* Nature, 2020. 584(7819): p. 87–92.
- Holen, S.R., et al., *A 130,000-year-old archaeological site in southern California, USA.* Nature, 2017. 544(7651): p. 479–83.
- Posth, C., et al., *Reconstructing the Deep Population History of Central and South America.* Cell, 2018. 175(5): p. 1185–97 e22.
- Waters, M., and T. Stafford, *he First Americans: A Review of the Evidence for the Late-Pleistocene Peopling of the Americas.* Paleoamerican Odyssey. 2014: Texas A&M University Press.
- Dillehay, T.D., and M.B. Collins, *Early cultural evidence from Monte Verde in Chile.* Nature, 1988. 332: p. 150–2.
- Pedersen, M.W., et al., *Postglacial viability and colonization in North America's ice-free corridor.* Nature, 2016. 537(7618): p. 45–9.
- Yu, H., et al., *Paleolithic to Bronze Age Siberians Reveal*

Connections with First Americans and across Eurasia. Cell, 2020. 181(6): p.1232–45 e20.

 - Wang, C.C., et al., *Genomic insights into the formation of human populations in East Asia.* Nature, 2021. 591(7850): p.413–9.

 - Slon, V., et al., *The genome of the offspring of a Neanderthal mother and a Denisovan father.* Nature, 2018. 561(7721): p.113–6.

 - Slon, V., et al., *A fourth Denisovan individual.* Sci Adv, 2017. 3(7): p.e1700186.

 - Chen, F., et al., *A late Middle Pleistocene Denisovan mandible from the Tibetan Plateau.* Nature, 2019. 569(7756): p.409–12.

 - Zhang, D., et al., *Denisovan DNA in Late Pleistocene sediments from Baishiya Karst Cave on the Tibetan Plateau.* Science, 2020. 370(6516): p.584–7.

 - Huerta-Sanchez, E., et al., *Altitude adaptation in Tibetans caused by introgression of Denisovan-like DNA.* Nature, 2014. 512(7513): p.194–7.

 - Jeong, C., et al., *Long-term genetic stability and a high-altitude East Asian origin for the peoples of the high valleys of the Himalayan arc.* Proc Natl Acad Sci U S A, 2016. 113(27): p.7485–90.

 - Zhang, X., et al., *The history and evolution of the Denisovan-EPAS1 haplotype in Tibetans.* Proc Natl Acad Sci U S A, 2021. 118(22).

 - Reich, D., et al., *Genetic history of an archaic hominin group from Denisova Cave in Siberia.* Nature, 2010. 468(7327): p.1053–60.

 - Browning, S.R., et al., *Analysis of Human Sequence Data Reveals Two Pulses of Archaic Denisovan Admixture.* Cell, 2018. 173(1): p.53–61 e9.

 - Cooper, A., and C.B. Stringer, *Paleontology. Did the Denisovans cross Wallace's Line?* Science, 2013. 342(6156): p.321–3.

 - Krause, J., *Ancient human migrations,* in *Migration,* H.S. R.Neck, Editor. 2011, Wien: Böhlau: p.45–64.

 - Diamond, J., *Ten Thousand Years of Solitude.* Discover, 1993. 14(3).

 - Clark, J., *Smith, Fanny Cochrane (1834–1905).* Australian

Dictionary of Biography. Vol. 11. 1988: Melbourne University Press.

第六章　魔法森林

- Paabo, S., et al., *Genetic analyses from ancient* DNA. Annu Rev Genet, 2004. **38**: p. 645–79.
- Louys, J., and P. Roberts, *Environmental drivers of megafauna and hominin extinction in Southeast Asia.* Nature, 2020. **586**(7829): p. 402–6.
- Morwood, M. J., et al., *Archaeology and age of a new hominin from Flores in eastern Indonesia.* Nature, 2004. **431**(7012): p. 1087–91.
- Jungers, W. L., et al., *The foot of Homo floresiensis.* Nature, 2009. **459**(7243): p. 81–4.
- Detroit, F., et al., *A new species of Homo from the Late Pleistocene of the Philippines.* Nature, 2019. **568**(7751): p. 181–6.
- Falk, D., et al., *Brain shape in human microcephalics and Homo floresiensis.* Proc Natl Acad Sci U S A, 2007. **104**(7): p. 2513–8.
- Culotta, E., *Discoverers Charge Damage to ›Hobbit‹ Specimens.* Science, 2005. **307**(5717).
- Brumm, A., et al., *Hominins on Flores, Indonesia, by one million years ago.* Nature, 2010. **464**(7289): p. 748–52.
- Brumm, A., et al., *Early stone technology on Flores and its implications for Homo floresiensis.* Nature, 2006. **441**(7093): p. 624–8.
- Shine, R., and R. Somaweera, *Last lizard standing: The enigmatic persistence of the Komodo dragon.* Global Ecology and Conservation, 2019. **18**.
- Smith, C. C., and S. D. Fretwell, *The optimal balance between size and number of offspring.* Am. Nat., 1974. **108**: p. 499–506.
- Sutikna, T., et al., *The spatio-temporal distribution of archaeological and faunal finds at Liang Bua (Flores, Indonesia) in light of the revised chronology for Homo floresiensis.* J. Hum. Evol., 2018. **124**: p. 52–74.
- Jacobs, G. S., et al., *Multiple Deeply Divergent Denisovan Ancestries in Papuans.* Cell, 2019. **177**(4): p. 1010–21 e32.

- Bowler, J.M., et al., *New ages for human occupation and climatic change at Lake Mungo, Australia.* Nature, 2003. 421(6925): p.837–40.
- Laidlaw, R., *Aboriginal Society before European settlement,* in *The European Occupation,* T. Gurry, Editor. 1984, Heinemann Educational Australia: Richmond. p.40.
- Cane, S., *First Footprints – the epic story of the first Australians.* 2013, Australia: Allen & Unwin.
- Kik, A., et al., *Language and ethnobiological skills decline precipitously in Papua New Guinea, the world's most linguistically diverse nation.* Proc Natl Acad Sci U S A, 2021. 118(22).
- Liberski, P.P., *Kuru: a journey back in time from papua new Guinea to the neanderthals' extinction.* Pathogens, 2013. 2(3): p.472–505.
- Tobler, R., et al., *Aboriginal mitogenomes reveal 50,000 years of regionalism in Australia.* Nature, 2017. 544(7649): p.180–4.
- Hardy, M.C., J. Cochrane, and R.E. Allavena, *Venomous and poisonous Australian animals of veterinary importance: a rich source of novel therapeutics.* Biomed Res Int, 2014: p.671041.
- Perri, A.R., et al., *Dog domestication and the dual dispersal of people and dogs into the Americas.* Proc Natl Acad Sci U S A, 2021. 118(6).
- Frantz, L.A., et al., *Genomic and archaeological evidence suggest a dual origin of domestic dogs.* Science, 2016. 352(6290): p.1228–31.
- Larson, G., et al., *Rethinking dog domestication by integrating genetics, archeology, and biogeography.* Proc Natl Acad Sci U S A, 2012. 109(23): p.8878–83.
- Thalmann, O., et al., *Complete mitochondrial genomes of ancient canids suggest a European origin of domestic dogs.* Science, 2013. 342(6160): p.871–4.
- Leroy, G., et al., *Genetic diversity of dog breeds: between-breed diversity, breed assignation and conservation approaches.* Anim Genet, 2009. 40(3): p.333–43.
- Bergstrom, A., et al., *Origins and genetic legacy of prehistoric dogs.* Science, 2020. 370(6516): p.557–64.

- Loog, L., et al., *Ancient DNA suggests modern wolves trace their origin to a Late Pleistocene expansion from Beringia.* Mol Ecol, 2020. **29**(9): p.1596–1610.
- Baca, M., et al., *Retreat and extinction of the Late Pleistocene cave bear (Ursus spelaeus sensu lato).* Naturwissenschaften, 2016. **103**(11–12): p.92.
- Dugatkin, L.A., and L.Trut, *Füchse zähmen.* 2017, Berlin, Heidelberg: Springer.
- Wade, N., *Nice Rats, Nasty Rats: Maybe It's All in the Genes.* New York Times. July 25, 2006.
- Plyusnina, I.Z., et al., *Cross-fostering effects on weight, exploratory activity, acoustic startle reflex and corticosterone stress response in Norway gray rats selected for elimination and for enhancement of aggressiveness towards human.* Behav Genet, 2009. **39**(2): p.202–12.
- Heyne, H.O., et al., *Genetic influences on brain gene expression in rats selected for tameness and aggression.* Genetics, 2014. **198**(3): p.1277–90.
- Albert, F.W., et al., *Genetic architecture of tameness in a rat model of animal domestication.* Genetics, 2009. **182**(2): p.541–54.
- Kukekova, A.V., et al., *Red fox genome assembly identifies genomic regions associated with tame and aggressive behaviours.* Nat Ecol Evol, 2018. **2**(9): p.1479–91.
- Lahr, M.M., et al., *Mirazon Lahr et al. reply.* Nature, 2016. **539**(7630): p.E10-E11.
- Okin, G.S., *Environmental impacts of food consumption by dogs and cats.* PLoS One, 2017. **12**(8): p.e0181301.

第七章 精英之辈

- Boulanger, M.T., and R.L.Lyman, *Northeastern North American Pleistocene megafauna chronologically overlapped minimally with Paleoindians.* Quarternary Science Revies, 2014. **85**: p.35–46.
- Ni Leathlobhair, M., et al., *The evolutionary history of dogs in the Americas.* Science, 2018. **361**(6397): p.81–5.
- Weissbrod, L., et al., *Origins of house mice in ecological niches created by settled hunter-gatherers in the Levant*

15,000 y ago. Proc Natl Acad Sci U S A, 2017. **114**(16): p.4099–104.

- Peters, J., et al., *Göbekli Tepe: Agriculture and Domestication*, in *Encyclopedia of Global Archaeology*, C. Smith, ed. 2014.
- van de Loosdrecht, M., et al., *Pleistocene North African genomes link Near Eastern and sub-Saharan African human populations*. Science, 2018. **360**(6388): p.548–52.
- Hublin, J.J., et al., *New fossils from Jebel Irhoud, Morocco and the pan-African origin of Homo sapiens*. Nature, 2017. **546**(7657): p.289–92.
- Humphrey, L.T., et al., *Earliest evidence for caries and exploitation of starchy plant foods in Pleistocene hunter-gatherers from Morocco*. Proc Natl Acad Sci U S A, 2014. **111**(3): p.954–9.
- Lazaridis, I., et al., *Genomic insights into the origin of farming in the ancient Near East*. Nature, 2016. **536**(7617): p.419–24.
- Lazaridis, I., et al., *Ancient human genomes suggest three ancestral populations for present-day Europeans*. Nature, 2014. **513**(7518): p.409–13.
- Diamond, J., *Arm und Reich: Die Schicksale menschlicher Gesellschaften*. 2006, Frankfurt/M.: Fischer Taschenbuch.
- Hofmanova, Z., et al., *Early farmers from across Europe directly descended from Neolithic Aegeans*. Proc Natl Acad Sci U S A, 2016. **113**(25): p.6886–91.
- Olalde, I., et al., *The Beaker phenomenon and the genomic transformation of northwest Europe*. Nature, 2018. **555**(7695): p.190–6.
- Chaplin, G., and N.G. Jablonski, *Vitamin D and the evolution of human depigmentation*. Am J Phys Anthropol, 2009. **139**(4): p.451–61.
- Skoglund, P., et al., *Reconstructing Prehistoric African Population Structure*. Cell, 2017. **171**(1): p.59–71 e21.
- Wang, C.C., et al., *Ancient human genome-wide data from a 3000-year interval in the Caucasus corresponds with eco-geographic regions*. Nat Commun, 2019. **10**(1): p.590.
- Brandt, G., et al., *Ancient DNA reveals key stages in the formation of central European mitochondrial genetic diversity*. Science, 2013. **342**(6155): p.257–61.

- Mittnik, A., et al., *The genetic prehistory of the Baltic Sea region.* Nat Commun, 2018. 9(1): p.442.
- Haak, W., et al., *Massive migration from the steppe was a source for Indo-European languages in Europe.* Nature, 2015. 522(7555): p.207–11.
- Narasimhan, V.M., et al., *The formation of human populations in South and Central Asia.* Science, 2019. 365(6457).
- Shinde, V., et al., *An Ancient Harappan Genome Lacks Ancestry from Steppe Pastoralists or Iranian Farmers.* Cell, 2019. 179(3): p.729–35 e10.
- Oelze, V.M., et al., *Early Neolithic diet and animal husbandry: stable isotope evidence from three Linearbandkeramik (LBK) sites in Central Germany.* Journal of Archaeological Science, 2010: p. 38.
- Bickle, P., and A.Whittle, *The First Farmers of Central Europe: Diversity in LBK Lifeways.* 2013, Oxford, UK: Oxbow Books.
- Schuenemann, V.J., et al., *Ancient Egyptian mummy genomes suggest an increase of Sub-Saharan African ancestry in post-Roman periods.* Nat Commun, 2017. 8: p.15694.
- Prendergast, M.E., et al., *Ancient DNA reveals a multistep spread of the first herders into sub-Saharan Africa.* Science, 2019. 365(6448).
- Wang, K., et al., *Ancient genomes reveal complex patterns of population movement, interaction, and replacement in sub-Saharan Africa.* Sci Adv, 2020. 6(24): p. eaaz0183.
- D'Andrea, A.C., *T'ef (Eragrostis tef) in Ancient Agricultural Systems of Highland Ethiopia.* Economic Botany, 2008. 62(4).
- Schlebusch, C.M., et al., *Southern African ancient genomes estimate modern human divergence to 350,000 to 260,000 years ago.* Science, 2017. 358(6363): p.652–5.
- de Filippo, C., et al., *Bringing together linguistic and genetic evidence to test the Bantu expansion.* Proc Biol Sci, 2012. 279(1741): p.3256–63.
- Russell, T., F.Silva, and J.Steele, *Modelling the spread of farming in the Bantu-speaking regions of Africa: an archaeology-based phylogeography.* PLoS One, 2014. 9(1): p. e87854.
- Bostoen, K., et al., *Middle to late holocene paleoclimatic*

change and the early bantu expansion in the rain forests of Western Central Africa. Curr. Anthropol., 2015. 56: p.354–84.

- Tishkoff, S.A., et al., The genetic structure and history of Africans and African Americans. Science, 2009. 324(5930): p.1035–44.
- Maxmen, A., Rare genetic sequences illuminate early humans' history in Africa. Nature, 2018. 563(7729): p.13–4.
- Remmert, H., The evolution of man and the extinction of animals. Naturwissenschaften, 1982. 69(11): p.524–7.
- Ning, C., et al., Ancient genomes from northern China suggest links between subsistence changes and human migration. Nat Commun, 2020. 11(1): p.2700.
- Zhang, X., et al., The history and evolution of the Denisovan-EPAS1 haplotype in Tibetans. Proc Natl Acad Sci U S A, 2021. 118(22).
- Xiang, H., et al., Origin and dispersal of early domestic pigs in northern China. Sci Rep, 2017. 7(1): p.5602.
- Hata, A., et al., Origin and evolutionary history of domestic chickens inferred from a large population study of Thai red junglefowl and indigenous chickens. Sci Rep, 2021. 11(1): p.2035.
- Posth, C., et al., Reconstructing the Deep Population History of Central and South America. Cell, 2018. 175(5): p.1185–97 e22.
- Nakatsuka, N., et al., A Paleogenomic Reconstruction of the Deep Population History of the Andes. Cell, 2020. 181(5): p.1131–45 e21.
- Swarts, K., et al., Genomic estimation of complex traits reveals ancient maize adaptation to temperate North America. Science, 2017. 357(6350): p.512–5.
- Gutaker, R.M., et al., The origins and adaptation of European potatoes reconstructed from historical genomes. Nat Ecol Evol, 2019. 3(7): p.1093–101.
- Shaw, B., et al., Emergence of a Neolithic in highland New Guinea by 5000 to 4000 years ago. Sci Adv, 2020. 6(13): p. eaay4573.
- Bergstrom, A., et al., A Neolithic expansion, but strong genetic structure, in the independent history of New Guinea. Science, 2017. 357(6356): p.1160–3.

- Carrington, D., *Humans just 0.01% of all life but have destroyed 83% of wild mammals – study.* Guardian, May 21, 2018.

第八章　超越地平线

- Lipson, M., et al., *Population Turnover in Remote Oceania Shortly after Initial Settlement.* Curr Biol, 2018. 28(7): p.1157–65 e7.
- McColl, H., et al., *The prehistoric peopling of Southeast Asia.* Science, 2018. 361(6397): p.88–92.
- Habu, J., *Ancient Jomon of Japan.* 2004, Cambridge: Cambridge University Press.
- Gakuhari, T., et al., *Ancient Jomon genome sequence analysis sheds light on migration patterns of early East Asian populations.* Commun Biol, 2020. 3(1): p.437.
- Jinam, T.A., et al., *Unique characteristics of the Ainu population in Northern Japan.* J Hum Genet, 2015. 60(10): p.565–71.
- Posth, C., et al., *Language continuity despite population replacement in Remote Oceania.* Nat Ecol Evol, 2018. 2(4): p.731–40.
- Skoglund, P., et al., *Genomic insights into the peopling of the Southwest Pacific.* Nature, 2016. 538(7626): p.510–3.
- Skoglund, P., and D. Reich, *A genomic view of the peopling of the Americas.* Curr Opin Genet Dev, 2016. 41: p.27–35.
- Wang, C.C., et al., *Genomic insights into the formation of human populations in East Asia.* Nature, 2021. 591(7850): p.413–9.
- Gray, R.D., A.J. Drummond, and S.J. Greenhill, *Language phylogenies reveal expansion pulses and pauses in Pacific settlement.* Science, 2009. 323(5913): p.479–83.
- Pugach, I., et al., *Ancient DNA from Guam and the peopling of the Pacific.* Proc Natl Acad Sci U S A, 2021. 118(1).
- Bellwood, P., *Man's conquest of the Pacific: The prehistory of Southeast Asia and Oceania.* 1979, Oxford: Oxford University Press.
- Bellwood, P., *First Migrants: Ancient Migration in Global Perspective.* 2014: Wiley-Blackwell.

- Kayser, M., et al., *The impact of the Austronesian expansion: evidence from mtDNA and Y chromosome diversity in the Admiralty Islands of Melanesia.* Mol Biol Evol, 2008. 25(7): p.1362–74.
- Commendador, A.S., et al., *A stable isotope (delta13C and delta15 N) perspective on human diet on Rapa Nui (Easter Island) ca. AD 1400–1900.* Am J Phys Anthropol, 2013. 152(2): p.173–85.
- Clement, C.R., et al., *Coconuts in the Americas.* Bot. Rev., 2013. 79: p.342–70.
- Neel, J.V., *Diabetes mellitus a ›thrifty‹ genotype rendered detrimental by ›progress‹?* Am J Hum Genet, 1962. 14: p.352–3.
- O'Rourke, R.W., *Metabolic thrift and the genetic basis of human obesity.* Ann Surg, 2014. 259(4): p.642–8.
- Lipo, C.P., T.L. Hunt, and S. Rapu Haoa, *The ›Walking‹ Megalithic Statues (Moai) of Easter Island.* Journal of Archaeological Science, 2013. 40(6).
- Diamond, J., *Collapse. How Societies Choose to Fail or Succeed.* 2005, New York: Viking.
- Weisler, M.I., *Centrality and the collapse of long-distance voyaging in east polynesia,* in *Geochemical evidence for long-distance exchange,* M.D. Glascock, ed. 2002: Bergin and Garvey.
- Kelly, L.G., *Cook Island Origin of the Maori.* The Journal of the Polynesian Society, 1955. 64(2): p.181–96.
- Knapp, M., et al., *Mitogenomic evidence of close relationships between New Zealand's extinct giant raptors and small-sized Australian sister-taxa.* Mol Phylogenet Evol, 2019. 134: p.122–8.
- Valente, L., R.S. Etienne, and R.J. Garcia, *Deep Macroevolutionary Impact of Humans on New Zealand's Unique Avifauna.* Curr Biol, 2019. 29(15): p.2563–9 e4.
- Giraldez, A., *The Age of Trade: The Manila Galleons and the Dawn of the Global Economy (Exploring World History).* 2015: Rowman & Littlefield.
- Munoz-Rodriguez, P., et al., *Reconciling Conflicting Phylogenies in the Origin of Sweet Potato and Dispersal to Polynesia.* Curr Biol, 2018. 28(8): p.1246–56 e12.

- Borrell, B., DNA *reveals how the chicken crossed the sea.* Nature, 2007. **447**: p.620–1.
- Ioannidis, A.G., et al., *Native American gene flow into Polynesia predating Easter Island settlement.* Nature, 2020. **583**(7817): p.572–7.
- Pierron, D., et al., *Genomic landscape of human diversity across Madagascar.* Proc Natl Acad Sci U S A, 2017. **114**(32): p. E6498-E6506.
- Fernandes, D.M., et al., *A genetic history of the pre-contact Caribbean.* Nature, 2021. **590**(7844): p.103–10.
- Nagele, K., et al., *Genomic insights into the early peopling of the Caribbean.* Science, 2020. **369**(6502): p.456–60.
- Marcheco-Teruel, B., et al., *Cuba: exploring the history of admixture and the genetic basis of pigmentation using autosomal and uniparental markers.* PLoS Genet, 2014. **10**(7): p. e1004488.
- Flegontov, P., et al., *Palaeo-Eskimo genetic ancestry and the peopling of Chukotka and North America.* Nature, 2019. **570**(7760): p.236–40.
- Rasmussen, M., et al., *Ancient human genome sequence of an extinct Palaeo-Eskimo.* Nature, 2010. **463**(7282): p.757–62.
- McCartney, A.P., and J.M. Savelle, *Thule Eskimo Whaling in the Central Canadian Arctic.* Artic Anthropology, 1985. **22**(2).
- NCD Risk Factor Collaboration, *Worldwide trends in body-mass index, underweight, overweight, and obesity from 1975 to 2016: a pooled analysis of 2416 population-based measurement studies in 128.9 million children, adolescents, and adults.* Lancet, 2017. **390**(10113): p.2627–42.
- Stevenson, C.M., et al., *Variation in Rapa Nui (Easter Island) land use indicates production and population peaks prior to European contact.* Proc Natl Acad Sci U S A, 2015. **112**(4): p.1025–30.
- Wilmshurst, J.M., et al., *Dating the late prehistoric dispersal of Polynesians to New Zealand using the commensal Pacific rat.* Proc Natl Acad Sci U S A, 2008. **105**(22): p.7676–80.

第九章　草原公路

- Radivojevic, M., et al., *ainted ores and the rise of tin bronzes in Eurasia, c.6500 years ago.* Antiquity, 2013. 87: p.1030–45.
- Anthony, D., *Horse, the Wheel, and Language: How Bronze-Age Riders from the Eurasian Steppes Shaped the Modern World.* 2010, Princeton: Princeton University Press.
- Levathes, L., *When China Ruled the Seas: The Treasure Fleet of the Dragon Throne, 1405–1433: The Treasure Fleet of the Dragon Throne, 1405–1433 (Revised).* 1997, USA: Oxford University Press.
- Wikipedia. *History of the Great Wall of China.* 2021, April 22 [cited 2021; Available from: https://en.wikipedia.org/w/index.php?title=History_of_the_Great_Wall_of_China&oldid=1019348271].
- Feng, Q., et al., *Genetic History of Xinjiang's Uyghurs Suggests Bronze Age Multiple-Way Contacts in Eurasia.* Mol Biol Evol, 2017. 34(10): p.2572–82.
- Ning, C., et al., *Ancient Genomes Reveal Yamnaya-Related Ancestry and a Potential Source of Indo-European Speakers in Iron Age Tianshan.* Curr Biol, 2019. 29(15): p.2526–32 e4.
- Mallory, J.P., *The Tarim Mummies: Ancient China and the Mystery of the Earliest Peoples from the West.* 2008, Thames & Hudson.
- Zhang, F., et al., *The genomic origins of the Bronze Age Tarim Basin mummies.* Nature, 2021.
- Allentoft, M.E., et al., *Population genomics of Bronze Age Eurasia.* Nature, 2015. 522(7555): p.167–72.
- Gaunitz, C., et al., *Ancient genomes revisit the ancestry of domestic and Przewalski's horses.* Science, 2018. 360(6384): p.111–4.
- Haak, W., et al., *Massive migration from the steppe was a source for Indo-European languages in Europe.* Nature, 2015. 522(7555): p.207–11.
- Goldberg, A., et al. *Ancient X chromosomes reveal contrasting sex bias in Neolithic and Bronze Age Eurasian migrations.* Proc Natl Acad Sci U S A, 2017. 114(10): p.2657–62.

- Olalde, I., et al., *The Beaker phenomenon and the genomic transformation of northwest Europe*. Nature, 2018. 555(7695): p. 190–6.
- Olalde, I., et al., *The genomic history of the Iberian Peninsula over the past 8000 years*. Science, 2019. 363(6432): p. 1230.
- Sommer, U., *The Appropriation or the Destruction of Memory? Bell Beaker ›Re-Use‹ of Older Sites*, R. Bernbeck, K. P. Hofmann, and U. Sommer, ed. 2017, Berlin: Edition Topoi.
- Jeong, C., et al., *A Dynamic 6,000-Year Genetic History of Eurasia's Eastern Steppe*. Cell, 2020. 183(4): p. 890–904 e29.
- Taylor, W.T.T., et al., *Evidence for early dispersal of domestic sheep into Central Asia*. Nat Hum Behav, 2021.
- Krzewinska, M., et al., *Ancient genomes suggest the eastern Pontic-Caspian steppe as the source of western Iron Age nomads*. Sci Adv, 2018. 4(10): p. eaat4457.
- Ventresca Miller, A., et al., *Subsistence and social change in central Eurasia: stable isotope analysis of populations spanning the Bronze Age transition*. Journal of Archaeological Science, 2013. 42: p. 525–38.
- Lindner, S., *Chariots in the Eurasian Steppe: a Bayesian approach to the emergence of horse-drawn transport in the early second millennium BC*. Antiquity, 2020. 94(374).
- Mittnik, A., et al., *Kinship-based social inequality in Bronze Age Europe*. Science, 2019. 366(6466): p. 731–4.
- Narasimhan, V.M., et al., *The formation of human populations in South and Central Asia*. Science, 2019. 365(6457).
- Reich, D., et al., *Reconstructing Indian population history*. Nature, 2009. 461(7263): p. 489–94.
- Andrades Valtuena, A., et al., *The Stone Age Plague and Its Persistence in Eurasia*. Curr Biol, 2017. 27(23): p. 3683–91 e8.
- Rasmussen, S., et al., *Early divergent strains of Yersinia pestis in Eurasia 5,000 years ago*. Cell, 2015. 163(3): p. 571–82.
- Rascovan, N., et al., *Emergence and Spread of Basal Lineages of Yersinia pestis during the Neolithic Decline*. Cell, 2019. 176(1–2): p. 295–305 e10.

– Hinnebusch, B.J., *The evolution of flea-borne transmission in Yersinia pestis.* Curr Issues Mol Biol, 2005. 7(2): p.197–212.

– Spyrou, M.A., et al., *Analysis of 3800-year-old Yersinia pestis genomes suggests Bronze Age origin for bubonic plague.* Nat Commun, 2018. 9(1): p.2234.

– Spyrou, M.A., et al., *Ancient pathogen genomics as an emerging tool for infectious disease research.* Nat Rev Genet, 2019. 20(6): p.323–40.

– Feldman, M., et al., *Ancient DNA sheds light on the genetic origins of early Iron Age Philistines.* Sci Adv, 2019. 5(7): p. eaax0061.

– Trevisanato, S.I., *The ›Hittite plague‹, an epidemic of tularemia and the first record of biological warfare.* Med Hypotheses, 2007. 69(6): p.1371–4.

– Gnecchi-Ruscone, G.A., et al., *Ancient genomic time transect from the Central Asian Steppe unravels the history of the Scythians.* Sci Adv, 2021. 7(13).

– Neparaczki, E., et al., *Y-chromosome haplogroups from Hun, Avar and conquering Hungarian period nomadic people of the Carpathian Basin.* Sci Rep, 2019. 9(1): p.16569.

– Nagy, P.L., et al., *Determination of the phylogenetic origins of the Arpad Dynasty based on Y chromosome sequencing of Bela the Third.* Eur J Hum Genet, 2021. 29(1): p.164–72.

– Weatherford, J., *Genghis Khan and the Making of the Modern World.* 2014, Brilliance Corp.

– Wheelis, M., *Biological warfare at the 1346 siege of Caffa.* Emerg Infect Dis, 2002. 8(9): p.971–5.

– Schmid, B.V., et al., *Climate-driven introduction of the Black Death and successive plague reintroductions into Europe.* Proc Natl Acad Sci U S A, 2015. 112(10): p.3020–5.

– Deaton, A., *Der große Ausbruch: Von Armut und Wohlstand der Nationen (The Great Escape).* 2017, Stuttgart: Klett-Cotta.

第十章 傲慢的物种

- Benedictow, O., *Black Death 1346–1353 – The Complete History*. 2006: The Boydell Press.
- Gottfried, R.S., *Black Death: Natural and Human Disaster in Medieval Europe*. 1985: Free Press.
- Mann, M.E., et al., *Global signatures and dynamical origins of the Little Ice Age and Medieval Climate Anomaly*. Science, 2009. 326(5957): p.1256–60.
- Kintisch, E., *Why did Greenland's Vikings disappear?* Science, 2016.
- Ladurie, E.l.R., *Times of Feast, Times of Famine: a History of Climate Since the Year 1000*. 1988, NY: Allen & Unwin.
- Ruddiman, W.F., *Earth's Climate Past and Future*. 3rd edition ed. 2013: WH Freeman.
- Stocker, B.D., et al., *Holocene peatland and ice-core data constraints on the timing and magnitude of CO_2 emissions from past land use*. Proc Natl Acad Sci U S A, 2017. 114(7): p.1492–7.
- Keller, M., et al., *Ancient Yersinia pestis genomes from across Western Europe reveal early diversification during the First Pandemic (541–750)*. Proc Natl Acad Sci U S A, 2019. 116(25): p.12363–72.
- Stathakopoulos, D.C., *Famine and Pestilence in the Late Roman and Early Byzantine Empire: A Systematic Survey of Subsistence Crises and Epidemics*. 2004: Taylor & Francis.
- Shaw-Taylor, L., *An introduction to the history of infectious diseases, epidemics and the early phases of the long-run decline in mortality*. Econ Hist Rev, 2020. 73(3): p. E1-E19.
- Kocher, A., et al., *Ten millennia of hepatitis B virus evolution*. Science, in print.
- Vagene, A.J., et al., *Salmonella enterica genomes from victims of a major sixteenth-century epidemic in Mexico*. Nat Ecol Evol, 2018. 2(3): p.520–8.
- Barquera, R., et al., *Origin and Health Status of First-Generation Africans from Early Colonial Mexico*. Curr Biol, 2020. 30(11): p.2078–91 e11.

- Kaner, J., and S. Schaack, *Understanding Ebola: the 2014 epidemic*. Global Health, 2016. 12(1): p. 53.
- Chaib, F., *New report calls for urgent action to avert antimicrobial resistance crisis*. 2019, New York: World Health Organization.
- Taubenberger, J.K., et al., *Characterization of the 1918 influenza virus polymerase genes*. Nature, 2005. 437(7060): p. 889–93.
- Taubenberger, J.K., and D.M. Morens, *Influenza: the once and future pandemic*. Public Health Rep, 2010. 125 Suppl 3: p. 16–26.
- Cordaux, R., and M.A. Batzer, *The impact of retrotransposons on human genome evolution*. Nat Rev Genet, 2009. 10(10): p. 691–703.
- Zhang, G., et al., *Comparative genomics reveals insights into avian genome evolution and adaptation*. Science, 2014. 346(6215): p. 1311–20.
- Hormozdiari, F., et al., *Rates and patterns of great ape retrotransposition*. Proc Natl Acad Sci U S A, 2013. 110(33): p. 13457–62.
- Prufer, K., et al., *The bonobo genome compared with the chimpanzee and human genomes*. Nature, 2012. 486(7404): p. 527–31.
- Gunz, P., et al., *Neandertal Introgression Sheds Light on Modern Human Endocranial Globularity*. Curr Biol, 2019. 29(5): p. 895.
- Neubauer, S., J.J. Hublin, and P. Gunz, *The evolution of modern human brain shape*. Sci Adv, 2018. 4(1): p. eaao5961.
- Harari, Y.N., *21 Lessons for the 21st Century*. 2018, Jonathan Cape.
- Wesson, P., *Cosmology, extraterrestrial intelligence, and a resolution of the Fermi-Hart paradox*. Royal Astronomical Society, 1992. 31.

补充参考文献

- Takahashi, K., and S. Yamanaka, *Induction of pluripotent stem cells from mouse embryonic and adult fibroblast cultures by defined factors.* Cell, 2006. **126**(4): p. 663–76.
- Jinek M., et al., *A programmable dual-RNA-guided DNA endonuclease in adaptive bacterial immunity.* Science, 2012. **337**(6096).
- Hublin, J. J., *Out of Africa: modern human origins special feature: the origin of Neandertals.* Proc Natl Acad Sci U S A, 2009. **106**(38): p. 16022–7.
- Stringer, C., and P. Andrews, *The complete world of human evolution.* Rev. ed. 2011, London; New York: Thames & Hudson.
- Sudlow, C., et al., UK *biobank: an open access resource for identifying the causes of a wide range of complex diseases of middle and old age.* PLoS Med, 2015. **12**(3): p. e1001779.
- Ma, R., et al., *Hepatitis B virus infection and replication in human bone marrow mesenchymal stem cells.* Virol J, 2011. **8**: p. 486.